Verlag von Otto Spamer in Leipzig-Reudnitz

FEUERUNGSTECHNIK

ZEITSCHRIFT FÜR DEN BAU UND BETRIEB FEUERUNGSTECHNISCHER ANLAGEN

Schriftleitung:

Dipl.-Ing. Dr. P. WANGEMANN

Es ist sicher, daß die Mehrzahl der industriellen Feuerungsanlagen bei sachgemäßer Betriebsführung und Wartung eine ganz wesentliche Erhöhung der wärmewirtschaftlichen Ausnützung der Brennstoffe gestatten würde, wobei gleichzeitig die Rauch- und Rußplage erheblich vermindert werden könnte. — Die „Feuerungstechnik" soll eine Sammelstelle sein für alle technischen und wissenschaftlichen Fragen des Feuerungswesens, das durch seine verschiedenen Anwendungsgebiete bisher literarisch zersplittert war. Sie will an der Besserung der bestehenden Zustände mitarbeiten und die allgemeine Wirtschaftlichkeit der Verwertung der Brennstoffe fördern helfen. — Die Zeitschrift strebt danach, überall die Verbindung zwischen Theorie und Praxis zu suchen und die Anwendung der wissenschaftlichen Erkenntnis zu zeigen, daneben aber auch durch wertvolle theoretische Beiträge solcher Erkenntnis zu dienen. Sie behandelt das ganze Gebiet des Feuerungswesens, also: Brennstoffe (feste, flüssige, gasförmige), ihre Untersuchung und Beurteilung, Beförderung und Lagerung, Statistik, Entgasung, Vergasung, Verbrennung, Beheizung. — Bestimmt ist sie sowohl für den Konstrukteur und Fabrikanten feuerungstechnischer Anlagen als auch für den betriebsführenden Ingenieur, Chemiker und Besitzer solcher Anlagen. Ein Hauptgewicht wird auf die Wiedergabe richtiger, in ihren Verhältnissen der Wirklichkeit entsprechender Abbildungen gelegt. Literatur- und Patentberichte des In- und Auslandes ergänzen die wertvollen Abhandlungen berufener Autoren.

Die Feuerungstechnik erscheint am 1. und 15. eines jeden Monats in Großquartformat und kostet **vierteljährlich M. 5.**—; fürs Ausland bei direkter Zusendung **M. 5.80.** — Sie ist durch alle Buchhandlungen sowie durch die Post zu beziehen. — Probehefte kostenlos.

Monographien zur Feuerungstechnik
Heft 1

Die Chemie der Brennstoffe
vom Standpunkt der Feuerungstechnik

Von

Hugo Richard Trenkler
Direktor-Stellvertreter der Deutschen Mondgas- und Nebenprodukten-G. m. b. H.,
Berlin

Mit 2 Figuren im Text und 2 Tafeln

Springer-Verlag Berlin Heidelberg GmbH 1919

Additional material to this book can be downloaded from http://extras.springer.com

ISBN 978-3-662-33695-3   ISBN 978-3-662-34093-6 (eBook)
DOI 10.1007/978-3-662-34093-6

Copyright 1919 by Springer-Verlag Berlin Heidelberg
Ursprünglich erschienen bei Otto Spamer, Leipzig 1919

Die Feuerungstechnik umfaßt alle Brennstoffe im weitesten Sinne. Die Kohle, im besonderen Steinkohle, ist deren verbreitester und hervorstechendster Vertreter. Wir wissen auch, daß alle in geologischen Zeiten gebildeten Brennstoffe mit Ausnahme des Erdöls und weniger unwesentlicher Stoffe aus Zellulose, bzw. deren natürlichen Wesensformen, Holz, Gräsern u. dergl., entstanden sind. Ohne auf die Vermutungen hinsichtlich der Bildung der einzelnen Brennstoffe näher einzugehen, worüber noch mancherlei abweichende Anschauungen bestehen, läßt doch bereits eine erste Betrachtung erkennen, daß die Brennstoffe in ihren natürlichen Lagern Umwandlungsprozesse durchmachten, welche mit den noch zu schildernden Vorgängen bei der Erhitzung mancherlei Ähnlichkeit haben. Es ist daher für die vorliegende Betrachtung nicht notwendig, alle die mannigfaltigen Arten der Brennstoffe zu studieren, sondern wir können uns darauf beschränken, die eigentlichen Kohlen — Stein- und Braunkohle — in ihrem Verhalten zu untersuchen, worauf sich dann zwanglos die Erweiterung auf andere Brennstoffe ergibt.

Für die Feuerungstechnik sind die wertvollen Bestandteile der Kohle: Kohlenstoff (C) und Wasserstoff (H); alles andere, wie Sauerstoff (O), Stickstoff (N), Schwefel (S), Asche und Feuchtigkeit, sind Verunreinigungen bzw. Ballast. Diese Verunreinigungen bedeuten nun nicht nur eine Wertminderung des Brennstoffes an sich, besonders wenn er auf weitere Strecken zu verfrachten ist, sondern bringen auch andere wesentliche Nachteile mit sich, wie Verwitterung beim Lagern, Selbstentzündung, Zerfall bzw. Verstaubung u. a. m. Abgesehen von besonderen Anwendungsgebieten sehen wir daher in brennstoffarmen Ländern, die Brennstoffe kaufen, eine strenge Auswahl getroffen derart, daß man nur beste, aschearme und gasarme Brennstoffe, viel Koks und ferner vorzugsweise flüssige Brennstoffe (Erdöl, Teeröle u. dgl.) verbraucht. Es sind dies bei den Kohlen meist die geologisch älteren und ältesten Arten. Umgekehrt sehen wir aschereiche und wasserhaltige Brennstoffe stets nur in der engeren Umgebung ihrer Fundstätten gebraucht. Einigermaßen auffallend mag die Bevorzugung der gasarmen Sorten sein; sie erfolgt nicht nur, um die bei der Verbrennung sehr gasreicher Kohlen auftretende Ruß- bzw. Rauchbelästigung an sich zu umgehen, sondern aus der einfachen Erkenntnis heraus, daß diese Ruß- und Rauchbildung auf eine mehr oder weniger unvermeidliche, unvollkommene Verbrennung zurückzuführen ist.

Die Feuerungstechnik war daher bereits in ihren Anfängen vor die Aufgabe gestellt, die Vorgänge in der Natur hinsichtlich einer gewissen Veredelung der Brennstoffe nachzuahmen. Mechanische Prozesse zur Trocknung und Pressung einerseits und chemische Behandlung der Stoffe andererseits lassen sich bei diesen Veredelungsverfahren unterscheiden, und letztere sollen uns etwas eingehender beschäftigen. Sie zielen darauf hin, die Verunreinigungen zu entfernen und Brennstoffe in möglichst reine, konzentrierte Formen für die weitere Anwendung umzuwandeln. Sehr bald zeigte sich dann, daß dabei wertvolle Nebenprodukte aus den sonst wertlosen Verunreinigungen gewonnen werden können, was naturgemäß eine wesentliche Förderung auf diesem Gebiet brachte. Sprach man schon vor 20 Jahren von einem „Zeitalter der Nebenprodukte und Ersatzstoffe", welches sich gewichtig anzeigte, so galt dies selbstverständlich in vervielfältigtem Maß für die Kriegszeit, und ich möchte vorausschicken, daß vieles von dem, was ich hier vorbringe, erst im Krieg erkannt und geschaffen oder wenigstens angewendet und ausgebaut wurde, woraus sich gewisse Unvollständigkeiten und der Mangel abschließender Betrachtungen erklären, da alle Probleme noch zu sehr in Entwicklung stehen.

Es ist bereits angedeutet worden, daß die natürliche Umbildung der Brennstoffe in ihren Lagern unter dem Einfluß des Gebirgsdruckes und der damit verbundenen Erwärmung sich bis zu einem gewissen Grad durch die Erwärmung unter Luftabschluß nachahmen läßt. Die chemischen Zusammenhänge bei diesen Vorgängen in der Natur zeigt Tabelle I, worin die Brennstoffe nach zunehmendem geologischen Alter geordnet sind: es geht eine Anreicherung des Kohlenstoffes vor sich, indem Sauerstoff fast ganz und etwas langsamer und unvollkommener auch Wasserstoff abgespalten wird. Ob Stickstoff und Schwefel dabei irgendwelchen Umsetzungen unterliegen, können wir nicht nachweisen, es ist jedoch wahrscheinlich, wie der Vergleich bei der Erwärmung zeigen wird, und weil die ältesten Sorten, die Anthrazite, meist einen verhältnismäßig niederen N-Gehalt aufweisen.

Betrachten wir nun die Vorgänge bei der Destillation, also bei der Erhitzung unter Luftabschluß, so zeigen sich

Die Chemie der Brennstoffe.

Tabelle I.
Zusammensetzung und Atomverhältnisse verschiedener Brennstoffe (nach Fischer, Kraftgas).

Brennstoff	Zusammensetzung der trockenen Reinsubstanz				Auf 100 Atome C kommen	
	C	H	N	O	H	O
Zellulose	44,4	6,2	—	49,4	166,7	83,8
Eichenholz	50,0	5,9	0,1	44,0	139,3	66,0
Torf, Sphagnum-	49,9	6,5	1,2	42,4	156,1	63,8
„ älterer	63,9	6,5	1,7	27,9	120,8	32,9
Lignit	64,2	5,9	—	29,9	109,5	34,9
Braunkohle, böhmische	73,8	5,6	0,8	19,8	89,6	20,2
„ Pechkohle	75,6	5,4	0,7	18,3	85,3	18,2
„ alpine Glanzk.	72,5	4,9	0,8	21,8	80,6	22,5
Steinkohle, oberschles.	83,6	5,0	1,0	11,4	71,6	10,4
„ Saar-	84,9	5,3	0,6	9,2	73,9	8,1
„ westfäl. Gask.	85,9	5,5	1,6	7,0	75,6	6,1
„ niederschl. Koksk.	85,0	4,9	1,1	9,0	67,5	9,0
„ westfäl. Koksk.	88,7	5,0	1,2	5,1	66,7	4,4
Anthrazit	95,3	1,9	0,5	2,3	23,8	1,8

folgende Merkmale: die natürliche Feuchtigkeit wird, bei 100° beginnend, abgegeben, doch gibt es Brennstoffe, welche erst bei etwa 250° diese Abgabe vollendet haben. Die chemischen Umsetzungen beginnen etwa bei 150 bis 200° C mit der Abspaltung von Bildungswasser aus dem Wasserstoff und Sauerstoff der Kohle, bei 250 bis 300° tritt eine beträchtliche Gas- und Teerbildung ein, und zwar derart, daß zuerst Kohlensäure (CO_2) und Kohlenoxyd (CO), dann Methan (CH_4), schwere Kohlenwasserstoffe (C_nH_m) und Wasserstoff (H) abgehen. Zugleich mit der Abspaltung der gasförmigen Kohlenwasserstoffe geht auch die Teerbildung vor sich. Wir sehen also in erster Linie auch hierbei eine starke Abspaltung des Sauerstoffes, sowohl gebunden an Wasserstoff als auch teilweise an Kohlenstoff, und zeigt die Zusammensetzung der Restsubstanz demgemäß eine Anreicherung des Kohlenstoffes bei gleichzeitiger Abnahme des Wasserstoffes und Sauerstoffes (vgl. Tabelle II). Der Verlauf dieser Bildungen im Bereiche bis 450° ist beispielsweise für einen Torf in dem Diagramm Fig. 1 dargestellt (nach Börnstein). Bei 300 bis 350° geht die stärkste Teerbildung vor sich. Bei diesen Temperaturen vollzieht sich auch eine teilweise Abspaltung des Schwefels und des Stickstoffes in Form von Schwefeldioxyd (SO_2), Schwefelwasserstoff (H_2S) und Ammoniak (NH_3). Bei 450° ist die Teerbildung nahezu vollendet, die Gasbildung ist bis dahin aber eine beschränkte. Die Vorgänge in diesem Temperaturbereich und besonders die Umänderungen in der Zusammensetzung der Brennstoffe zeigt ausführlich Tabelle II[1]). Bei der Beurteilung der dort gegebenen Ziffern ist nicht zu übersehen, daß die Abspaltung noch keineswegs beendet ist, daher zeigt die Zusammensetzung der Restsubstanzen noch wesentliche Abweichungen von der Analyse der gewöhnlichen Verkokungsprodukte. Auch

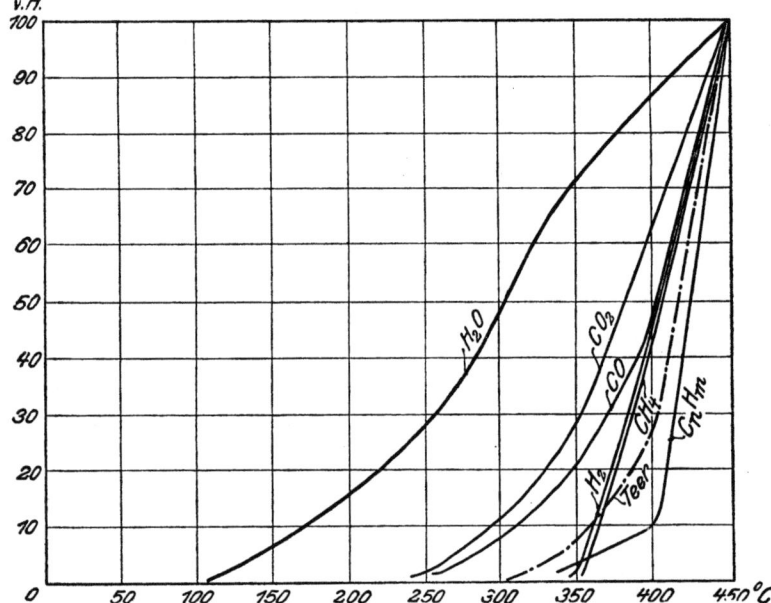

Fig. 1. Verlauf der Destillation im Bereiche von 0—450° bei Torf.

die Mengen der erhaltenen Abspaltungsprodukte sind geringe. Bei Betrachtung der Tabelle ist vor allem auffallend, daß die Restsubstanz bei den angewandten sehr verschiedenen Ausgangsmaterialen trotzdem sehr ähnlich zusammengesetzt ist, daß also gewissermaßen der Abspaltungsprozeß bei jüngeren Brennstoffen schneller und leichter vor sich geht als bei den älteren. Und man kann sich leicht vorstellen, daß bei längerer Einwirkung der Wärme auch bei diesen niederen Temperaturen schließlich ein Endprodukt erhalten würde, das den gasarmen Anthraziten gleichkommt bzw. sich immer

---

[1]) Nach Börnstein: Über die Zersetzung fester Brennstoffe bei langsam gesteigerter Temperatur. J. f. G. 1906, S. 652 u. folg.

mehr der Zusammensetzung der bekannten Verkokungsprodukte (vgl. Tabelle III) nähert.

Bei weiterer Temperatursteigerung setzt sich die Gasbildung fort. Es entweichen anfänglich noch Methan (CH_4), Äthan (C_2H_4) und Kohlenwasserstoffe (C_nH_m), später aber lediglich Wasserstoff (H). Wenn man die Temperaturen bis 1000° und darüber steigert, wie im Koksofen, so erhält man bei gasreichen Kohlen etwa die zehnfache Gasmenge derjenigen bei einer Destillation bis 450° (siehe Tabelle IV).

Aus den dort angegebenen Gasanalysen ersieht man auch die Veränderung desselben bei der Temperatursteigerung im Sinne des vorstehend Gesagten, wenn auch zu beachten ist, daß es sich nicht um Ergebnisse eines zusammenhängenden Versuches handelt, und daß daher besonders bei den Zahlen aus Betriebsversuchen sekundäre Einflüsse zu beachten sind. Ein übersichtliches Bild über den Verlauf der Gasbildung erhält man, wenn man die Mengen der einzelnen Gasbestandteile aus der jeweiligen Analyse und der Ausbeute errechnet; man sieht dann, daß z. B. die Menge der Kohlensäure sich bei der weiteren Erwärmung nur etwa verfünffacht, während sich die Menge des Wasserstoffes verzwanzigfacht. Die Bildung des Kohlenoxydes ist während der ganzen Zeit nahezu gleichförmig.

Tabelle II. Tieftemperaturdestillation verschiedener Brennstoffe (nach Börnstein).

Brennstoff	Zus. der ursprüngl. Reinsubstanz					Zus. der restlichen Reinsubstanz					Dabei erhalten für 1 kg			
	C	H	N	S	O	C	H	N	S	O	Wasser g	Teer g	Gas l	Rückst. g
Kiefernholz	50,42	6,70	0,65	0,08	42,15	92,13	3,88	0,39	—	3,60	366.6	81,8	116,6	—
Torf	58,32	5,54	3,06	0,32	32,76	75,19	4,21	3,49	0,32	16,88	168,8	43,3	94,2	—
Braunkohle, märkische .	55,11	4,23	0,94	3,23	36,49	83,96	4,31	0,97	4,60	6,16	212,9	20,5	48,8	—
„ böhmische	69,53	5,49	0,90	0,49	23,59	84,32	3,97	1,35	0,73	9,63	232,1	44,1	59,5	—
Steinkohle, oberschles. .	80,99	4,67	1,13	0,95	12,96	87,84	3,69	0,94	0,97	6,56	69,4	81,9	28,6	828,5
„ westf. Flammk.	82,87	5,06	0,70	1,73	9,06	86,82	4,09	0,33	1,40	7,36	43,8	52,3	13,1	875,0
„ „ Gask.	85,09	4,82	1,08	1,06	7,95	87,74	3,83	1,07	1,07	6,28	43,0	75,3	23,4	842,8
„ „ Eßkohle	89,25	4,46	0,95	2,38	3,06	90,21	4,44	1,08	1,53	2,74	14,7	9,0	8,2	959,5

Tabelle III.

Zusammensetzung der gebräuchlichen Verkokungsprodukte (umgerechnet auf trockene und aschenfreie Reinsubstanz).

Brennstoff	C	H	O + N	S	Bemerkung
Holzkohle	84,0	2,7	13,3	—	1—2% Asche
Torfkohle	90,6	2,1	7,0	0,3	3—6% ,,
Zechenkoks (Mittel aus 17 Analysen)[1] .	96,98	0,56	1,75	0,70	8—12% ,,
Gaskoks (Mittel aus 19 Analysen)[1] .	96,63	0,72	2,01	0,70	8—12% ,,

Die Abspaltung des Gases im Koksofen geht ja bekanntlich etwas anders vor sich, da die Kohle in die heiße Kammer mit etwa 800° kommt, so daß die Gasbildung gleich sehr schnell und intensiv einsetzt, aber aus der zeitlichen Änderung der Gaszusammensetzung (Tabelle V) kann man die geschilderten Einflüsse doch ebenso erkennen. Der verbleibende Rest — Koks — besteht nun aus nahezu reinem Kohlenstoff; daneben verbleiben etwa 0,5 v. H. Wasserstoff (H) (= 10 v. H. des ursprünglichen Gehaltes), 1 v. H. Sauerstoff (O) (= 15 v. H. des ursprünglichen Gehaltes), 1 v. H. Stickstoff (N) (= 60 v. H. des ursprünglichen Gehaltes), die Hauptmenge (etwa 70 v. H.) des Schwefels (S) und alle Asche. Der Koks widersteht bei Luftabschluß weiterer Hitze.

Eine vollständige Auflösung des verbleibenden Kohlenstoffs ist nur bei Luftzufuhr möglich, durch die Verbrennung zu Kohlensäure (CO_2). Bei einer Beschränkung der Luftzufuhr kann jedoch an Stelle der Kohlensäure auch Kohlenoxyd (CO) gebildet werden; man bezeichnet dies als Vergasung (unvollkommene Verbrennung) im Gegensatz zur Entgasung, wie man die Destillation meist nennt. Wendet man anstatt Luft für die Vergasung Wasserdampf an, so bildet sich neben Kohlenoxyd (CO) auch Wasserstoff (H). Diese Vorgänge werden später noch betrachtet werden.

Wenn wir uns das Vorstehende vor Augen halten, so sehen wir bei diesem Prozeß bereits verschiedene Endprodukte, und zwar sowohl fester, flüssiger, als auch gasförmiger Natur. Es wird nun — wie ohne weiteres einzusehen ist — möglich sein, die jeweiligen Anteile an diesen Endprodukten zu beeinflussen, indem man verschiedene

---

[1] Nach de Grahl, Wirtschaftliche Verwertung der Brennstoffe.

Die Chemie der Brennstoffe.

Tabelle IV.
Zusammensetzung von Destillationsgasen bei verschiedenen Temperaturen.

	Zusammensetzung					Ausbeute
	CO_2	CO	CH_4	C_nH_m	H_2	cbm/Tonne
Koksofengas (Ruhrkohle)	2,0	8,0	29,0	4,0	50,0	320
Destillation bei 820° „	3,0	9,0	32,0	7,0	49,0	270
Coalite-Verf. (550°) (gute Gaskohle)	2,5	7,3	48,0	13,1	27,5	85—140
Destillation bei 450° (Ruhrkohle)	6,0	4,0	48,0	8,0	34,0	24

Tabelle V.
Verlauf der Destillation im Koksofen (Saarkohle).

Bestandteile	Gaszus. bei Beginn der xsten Viertelstunde					Gemisch
	1.	5.	9.	13.	16.	
CO_2	4,0	3,4	2,0	2,0	1,8	2,0
C_nH_m	9,4	5,6	4,3	2,4	1,7	4,4
CO	9,4	8,3	8,1	8,2	8,8	8,6
H_2	28,3	42,6	49,0	56,6	55,3	45,2
CH_4	46,6	35,0	31,7	28,7	27,6	35,0
N	2,3	5,1	4,9	2,1	5,2	4,8

Wege einschlägt, beeinflußt durch die jeweiligen Bedürfnisse und die wirtschaftlichen Bedingungen. Wir müssen dabei beachten, daß die Bindung des Kohlenstoffs, Wasserstoffs, Sauerstoffs und Stickstoffs in der Kohle eine bestimmte ist, die noch nicht ganz, sondern erst zum geringen Teil erforscht ist, so daß wir bei dem Veredelungsverfahren nicht nur darauf ausgehen können, bestimmte Endprodukte zu erhalten, sondern auch bestimmte, teils vorgebildete, teils zu bildende Abspaltungsprodukte (gewonnen als Nebenprodukte).

Unter diesem Gesichtspunkt können wir 4 verschiedene Gruppen bei diesem Verfahren unterscheiden:
1. Gasabspaltung und Teergewinnung durch Erhitzung bei Luftabschluß; Entgasung, Destillation,
2. Extraktion vorgebildeter flüssiger Bestandteile mittels Lösungsmittel,
3. Verflüssigung,
4. Vergasung.

Die Verfahren der beiden ersteren Gruppen werden feste Rückstände ergeben, unter gleichzeitiger Gewinnung von gasförmigen oder flüssigen Abspaltungsprodukten. Die Verfahren der letzten beiden Gruppen zielen auf eine vollständige Umwandlung in einen anderen Aggregatzustand hin, wobei ledigkich Asche als Rückstand bleiben soll. Ist dies praktisch in genügendem Maße erreichbar, so werden letztere Verfahren technisch überlegen sein, da es dabei gelingt, die Fremdstoffe nahezu ganz außer Erscheinung treten zu lassen.

In die erste Gruppe gehört der Verkokungsprozeß und die neueren Verfahren der Destillation im Vakuum, bzw. bei niederen Temperaturen, die später noch eingehend behandelt werden. Letztere besitzen als Verkokungsprozesse heute noch geringe praktische Bedeutung, dagegen ist der übliche Destillationsprozeß schon seit langem im großen Maßstab angewendet. Die Abspaltungsvorgänge wurden bereits früher beleuchtet; es sei auf die Tabellen IV und V nochmals verwiesen. Die Verkokung geht naturgemäß bei der schnellen Temperatursteigerung etwas anders vor sich, als bei langsamer Erwärmung, doch bestehen enge Berührungspunkte. Wir sehen ferner, daß dieses Verfahren der Anwendung entsprechend in zwei verschiedenen Abarten durchgeführt wird:

a) wenn das Gas das maßgebende Enderzeugnis ist — Leuchtgasdarstellung,

b) wenn der feste Rückstand das maßgebende Enderzeugnis ist — Koksofenprozeß.

Das erstere Verfahren hat sich jedoch im Laufe der Zeit mehr und mehr dem letzteren genähert, und die gegenseitigen Abweichungen sind heute eigentlich mehr durch die Auswahl der Kohlensorten bedingt. Für den Koksofenprozeß kommen lediglich die ausgesprochenen Kokskohlen — stark backende Kohle mit meist ziemlich hohem Gasgehalt — in Frage, die einen harten, grobstückigen, dabei möglichst widerstandsfähigen Koks ergeben. Für die Leuchtgasdarstellung ist der entfallende Koks zwar ein hochwertiges und ausschlaggebendes Nebenprodukt, doch ist man leichter geneigt, weniger backende Kohlen um ihres Gasreichtums willen zur Verarbeitung zu wählen oder wenigstens beizumischen. Man ist sogar so weit gegangen, vollständig nichtbackende Brennstoffe, die gasreich sind, wie Braunkohlen, Torf u. dgl., als Zusatz zu wählen, wenn dies wirtschaftliche Vorteile bringt. Im allgemeinen sind beide Verfahren jedoch auf wenige Steinkohlensorten beschränkt, nicht nur wegen der Backfähigkeit, sondern auch hinsichtlich des Aschengehaltes, da naturgemäß in dem Rückstand eine Anreicherung desselben vor sich geht. Zudem wird bei jüngeren Brennstoffen stets ein armes, weniger heizkräftiges Gas erzielt, da infolge des höheren Sauerstoffgehaltes viel Kohlensäure bei der Destillation gebildet wird.

Die Zusammensetzung des erzielten Gases und die Ausbeute daran ist beispielsweise in Tabelle IV — erste Reihe —, bzw. Tabelle V — letzte Reihe — wiedergegeben. Dasselbe wird außer zur Beheizung der Öfen (Retorten) selbst entweder zu Beleuchtungszwecken verwendet oder steht als Nebenprodukt (bei der Kokerei) zur Verfügung. Es wird nicht nur vielfach zur Krafterzeugung in Gasmaschinen, sondern besonders in den dichtbevölkerten Industriebezirken als Ersatz für Leuchtgas verwendet, wobei es durch Fernleitung von den Erzeugungsstellen zu den großen Städten gebracht wird. Auch hier sehen wir wieder die praktische Annäherung der beiden Arten, indem Koksofengas jetzt als vollwertiger Ersatz für Leuchtgas anerkannt wird; der Unterschied in der Zusammensetzung und im Heizwert ist auch ein verschwindender. Andererseits ist man bei der Leuchtgasdarstellung davon abgegangen, einen Teil des erzeugten hochwertigen Gases für die Heizung der Erzeugungsöfen zu verwenden — wie bei Koksöfen fast allgemein durchgeführt —, vielmehr benutzt man dazu einfaches Generatorgas, welches meist aus dem Koksabfall gewonnen wird.

Bei der Entgasung werden wertvolle Nebenprodukte gewonnen, Ammoniak bzw. Ammoniaksalze, flüssige Kohlenwasserstoffe (Benzol) und Teer. Der Teer der Verkokungsindustrie unterscheidet sich jedoch grundsätzlich von demjenigen, welcher bei langsamer Entgasung in niederen Temperaturen (450° bis 550°) gewonnen wird: er enthält nicht mehr die in letzterem enthaltenen und nach verschiedenen Untersuchungen in der Kohle vorgebildeten Naphthene und Paraffine, sondern vorwiegend die beständigeren Kohlenwasserstoffe der aromatischen Reihe, die durch eine pyrogene Zersetzung der ersteren entstanden sind. Charakteristisch hierfür ist das Auftreten von Naphthalin und Anthrazen, während Paraffine vollkommen fehlen. Bei diesen Zersetzungserscheinungen wird wahrscheinlich Kohlenstoff abgespalten, so daß der Pechgehalt des Koksofenteers ein sehr hoher ist. Andererseits werden bei dieser Spaltung auch die Anteile an Benzol und Leichtölen erhöht. Die pyrogene Zersetzung ist leicht erklärlich, da die Kohle in den auf etwa 800° erwärmten Ofen eingebracht wird. Die äußeren Schichten nehmen diese Temperatur rasch an, und die aus den inneren Schichten mit der Wärmefortpflanzung austretenden Teerdämpfe berühren daher hoch erhitzte Kohleteilchen der äußeren Schichten und die glühenden Wände des Ofens, wobei dann eine Zersetzung eintritt. Diese Vorgänge spielen sich bei jeder Entgasung in den größeren Kohleteilchen ab, und daher wird jeder im Betrieb gewonnene Teer mehr oder weniger Spaltungsprodukte aufweisen, wie noch später erwähnt werden wird.

Jedenfalls ist der Kokereiteer infolge seines Mangels an Paraffinen und Gehaltes an aromatischen Verbindungen nicht minderwertig schlechtweg, da doch ein großer Teil unserer hochentwickelten chemischen Industrie — insbesondere die führende Farbenindustrie — auf diesen Stoffen aufgebaut ist. Weiter sind die Bestandteile dieses Teers für die Sprengstoffindustrie, die Benzolherstellung und andere Industriegebiete Lebensbedingung. Hierüber gibt am besten der wohlbekannte Stammbaum (Fig. 2) Aufschluß.

Zusammenfassend läßt sich über die beiden Verkokungsverfahren sagen, daß sie sehr wirtschaftlich sind, wenn die Gewinnung eines hochwertigen Kokses als Rückstand möglich ist. Mit Rücksicht darauf sind sie räumlich beschränkt, einerseits auf die Fundgebiete backender Kohlen und andererseits auf die großen Städte mit ihrem Bedarf an Gas für Leucht- und Heizzwecke. Auf dem letzteren Gebiet ist jedoch in den letzten Jahren eine teilweise und steigende Verdrängung festzustellen, und diese wird mit der Entwicklung der Gaserzeugung durch Vergasung zweifellos noch zunehmen, so daß wohl das Anwendungsgebiet der Destillation mehr und mehr auf die Fundgebiete der tauglichen Kokskohlen beschränkt werden dürfte. Der Koks wird vorwiegend als Feuerungsmittel für den Schmelzbetrieb in Hochöfen verwendet, ferner in der Industrie als Reduktionsmittel, besonders in Metallhüttenbetrieben und chemischen Fabriken, schließlich aber auch als Heizmittel schlechthin sowohl für den Hausbrand 'als auch für Industrien; letzteres besonders dort, wo es auf eine rauchfreie Verbrennung ankommt, wie in den Städten, oder wo eine hohe lokale Temperatur angestrebt wird; hierzu eignet sich der

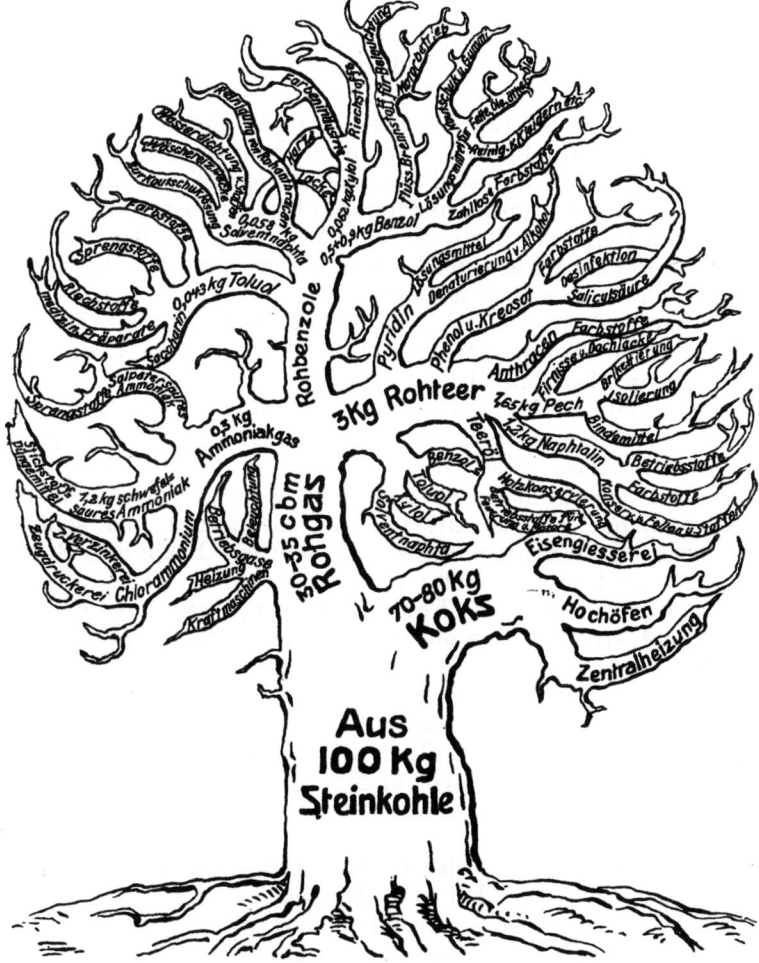

Fig. 2. Stammbaum der Kohlendestillation.

Koks sehr gut, da er infolge seines Mangels an Kohlenwasserstoffen eine kurze und intensive Flamme gibt. Zu erwähnen wäre besonders noch die Anwendung des Kokses als Ausgangsmittel für die Kraftgaserzeugung und Wassergasherstellung.

Die Extraktion der Kohle bezweckt, die in den Brennstoffen vorgebildeten Substanzen flüssiger Natur oder auch bestimmte Bestandteile fester Natur durch Lösungsmittel auszuziehen. Voraussetzung hierfür ist, daß die Bestandteile unverändert in Lösung gehen, und es gibt nur sehr wenige Lösungsmittel, welche hierfür in Frage kommen. Denn gerade diejenigen Lösungsmittel, die keinerlei chemische Einwirkung aufweisen, wirken sehr wenig, so daß dieses Gebiet eigentlich bisher lediglich als Versuchs- und Forschungsgebiet zu betrachten war. Pictet in Genf war der erste, dem es gelang, bei der Extraktion mit Benzol Öl aus der Kohle auszuziehen. Die Ausbeute an Extrakt war jedoch außerordentlich gering, 0,1 v. H. In den letzten Jahren gelang es, die Extraktion mit Benzol bei erhöhten Temperaturen (etwa 270° — der kritischen Temperatur des Benzols —) derart zu betreiben, daß Ausbeuten von 6,5 v. H. erzielt wurden. Bei der Weiterbehandlung des Extrakts erhielt man etwa 1 v. H. des Gewichts der Kohle als dickflüssiges, beständiges, goldrotes Öl, welches dem Erdöl sehr verwandt ist. Der Rest des Extrakts ist ein fester, kakaofarbener Körper mit 160° Schmelzpunkt, der scheinbar noch nicht weiter untersucht wurde. Bezüglich dieser Versuche und auch weiterer noch zu erwähnender sei auf die Arbeiten von Prof. Dr. Ferd. Fischer, bzw. des Kaiser-Wilhelm-Instituts für Kohlenforschung in Mülheim a. Ruhr verwiesen.

Als wesentlich bessere Extraktionsmittel können Basen, wie Pyridin u. dgl. oder saure Stoffe, wie Phenol u. ähnliche, bezeichnet werden. Bei allen diesen Mitteln liegen jedoch zugleich chemische Einwirkungen vor, weshalb die dahingehenden Versuche nicht als reine Extraktionsversuche anzusehen sind.

In ähnlicher Weise wie bei der Extraktion der Steinkohle wurde Benzol auch bei der Extraktion von Braunkohle versucht. Bei diesem Ausgangsmaterial wurde kein Öl erzielt, sondern das Extrakt enthält Montanwachs, welches ja bekanntlich, besonders bei mitteldeutschen Braunkohlen, vorgebildet enthalten ist. Die Ausbeute steigt bis über 10 v. H., und diese Extraktion wird bereits seit langen Jahren praktisch im Großbetrieb angewandt.

Von Fischer und seinen Mitarbeitern ist nun neuerdings versucht worden, an Stelle des Benzols andere Lösungsmittel zu verwenden, und es hat sich dabei gezeigt, daß besonders flüssige schweflige Säure sehr geeignet ist. Die

Versuche ergaben ein gleiches oder sehr ähnliches Öl wie die Extraktionsversuche mit Benzol, und auch die Ausbeuten sind annähernd die gleichen. Es ist jedoch zu beachten, daß die flüssige schweflige Säure mit einer gewissen Auswahl extrahiert, da bei den Steinkohlen lediglich die dickflüssigen, fetten Öle und bei Braunkohlen nur ausgesprochene Harze im Extrakt gefunden werden. Da die flüssige schweflige Säure in normalen Zeiten wahrscheinlich billig zu beschaffen sein dürfte, scheint es sehr leicht möglich, daß diese Arbeitsweise und damit das ganze Gebiet der Extraktion in Zukunft Bedeutung erlangt. Ob die Anwendungsmöglichkeit von Bedeutung bleiben wird, hängt davon ab, wie sich die praktischen Erfahrungen auf dem Gebiet der Verflüssigung der Kohle stellen. Denn gegenüber dem letzteren Verfahren hätte die Extraktion nicht nur den Nachteil geringerer Ausbeuten, da sie auf die vorgebildeten Stoffe angewiesen ist; sie bringt auch ferner stets eine Anreicherung der Asche und der sonstigen Verunreinigungen in den Brennstoffen mit sich. Allerdings ist es sehr wohl denkbar, daß die Extraktion gerade in Verbindung mit der Vergasung eine besondere Bedeutung erlangen kann, wenn es gelingt, die wertvollen Bestandteile dadurch auf eine billige Weise aus der Kohle abzuscheiden, bevor man die Brennstoffe als Feuerungsmittel verwendet.

Das Gebiet der Verflüssigung der Kohle zeigt sehr viel Verwandtschaft mit dem eben behandelten Arbeitsgebiet. Auch hierbei zielt man auf die Gewinnung flüssiger Endprodukte hin, und diese können nach der Zusammensetzung nur Öle sein, sowohl solche, welche als Heizmittel bzw. Treibmittel für Motoren dienen sollen, als auch hochwertige viskose Schmiermittel. Die Bestandteile des Öles, vornehmlich Kohlenstoff, Wasserstoff und Sauerstoff, sind nämlich in der Kohle vorhanden, nur in anderen Mengenverhältnissen, und eine Überlegung ergibt, daß die Kohle nicht nur einen Überschuß an Sauerstoff, sondern auch an Kohlenstoff aufweist. Demgemäß können wir bei den Verflüssigungsversuchen in der Hauptsache zwei Wege unterscheiden, einen solchen, der auf die Abspaltung überschüssigen Kohlenstoffes hinzielt, und einen solchen, der mit der Angliederung des fehlenden Wasserstoffes rechnet. Das erstere Verfahren hat Ähnlichkeit mit dem Destillationsverfahren und wird bekanntlich auch als Druckdestillation, ähnlich dem sog.

Krack-Verfahren in der Schwelteerindustrie, durchgeführt. Auch für diese Versuche verweise ich auf verschiedene Abhandlungen von Fischer in seinem Werk „Zur Kenntnis der Kohle".

Ein speziell ausgebildetes Verfahren, dem auch lebhaftes Interesse in der Großindustrie entgegengebracht wird, ist das Walther-Graefesche Verfahren. Der praktischen Auswertung dieses Weges steht das Bedenken entgegen, daß hier nur von einer teilweisen Verflüssigung die Rede sein kann, und daß der Restrückstand durch die Anreicherung der Asche und anderer Verunreinigungen nur wenig wertvoll sein dürfte. Gelingt es allerdings, die Verflüssigung so weit zu treiben, daß der verbleibende Rückstand der Menge nach gering ist, so verliert derselbe naturgemäß seine Bedeutung und kann als Abfallprodukt behandelt werden. Im allgemeinen dürfte jedoch dieses Verfahren der Abspaltung von Kohlenstoff mehr für die Verarbeitung von Zwischenprodukten, wie Teer, Teeröle usw., in Frage kommen, da hierbei aschefreie Produkte als Ausgangsmaterialien für die Druckdestillation dienen und infolgedessen ein hochwertiger Rückstand verbleibt.

Einer vollständigen Verflüssigung der Kohle wird man zweifellos auf dem zweiten Weg, der Angliederung von Wasserstoff wesentlich näherkommen. Auch auf diesem Gebiet der Hydrierung liegen bereits ältere Versuche, insbesondere von Berthelot aus dem Jahre 1869 vor, und zwar wurden die Versuche mit Jodwasserstoffsäure durchgeführt. Es entstand bei einer Einwirkungstemperatur von 280° innerhalb 20 Stunden sowohl aus Zellulose als auch aus Braunkohle und Steinkohle ein dem Rohpetroleum ähnliches Öl. Andere Versuche ergaben zwar keine direkte Verflüssigung, aber eine Überführung der Kohle in eine wasserlösliche Form. Die Ausbeuten werden um so größer, je jünger die Kohle ist, und sie betragen bei Anthrazit etwa 12 v. H., bei Gasflammkohle etwa 80 v. H. Neuere Versuche von Keller in ähnlicher Richtung mit einer Destillation unter hohem Wasserstoffdruck ergaben z. B. eine Steigerung der Teerausbeute von 4 bis 20 v. H. Einen ähnlichen Weg verfolgt das Verfahren von Bergius, der durch Einwirkung von Wasserstoff auf Kohle unter hohem Druck und erhöhter Temperatur flüssige oder wenigstens lösliche Verbindungen herstellen will. Es soll bereits gelungen sein, die Kohle bis zu 85 v. H., d. h. praktisch vollkommen, überzuführen, und daher erscheint dieses Verfahren als ein außerordentlich wichtiges und zukunftsreiches, sofern die praktische Durchführung im Großbetrieb wirtschaftlich sein sollte. Auf diesem Wege würde es möglich sein, vielleicht gerade aus den minderwertigen Sorten von Brennstoffen hochwertige Brennöle zu erzeugen. Bisher scheint allerdings die Anwendbarkeit dieses Bergin-Verfahrens nur für Teer und Teerprodukte als Ausgangsmaterial erprobt zu sein, während die Anlagerung der Wasserstoffe an die rohen Brennstoffe nur schwierig und unter Aufwendung erhöhter Betriebskosten möglich ist. Damit wäre fürs erste eine gewisse Beschränkung des Anwendungsgebietes gegeben, doch wird die Synthese mit Wasserstoff stets höhere Ausbeuten bringen als die Druckdestillation, wodurch sie letzterem Verfahren technisch überlegen ist, wenn die Kosten keine übermäßigen sein werden. Auch steht zweifellos zu erwarten, daß die Fortbildung des Syntheseverfahrens nach und nach die Heranziehung von Rohmaterialien allerverschiedenster Beschaffenheit gestatten wird, insbesondere auch von Rohkohlen. Aber selbst wenn dies vorerst nicht der Fall sein sollte, so besitzt die Synthese große Bedeutung im Hinblick auf die Nutzbarmachung einer größerer Teerproduktion, die aus anderen Gründen zu erwarten und anzustreben ist, und insbesondere für die Aufarbeitung der Pechrückstände der Teerdestillation, die bisher ziemlich schlecht verwertbar waren und sogar teilweise ausgeführt werden mußten.

Die Arbeiten auf dem Gebiete der Synthese der Kohlenwasserstoffe verdienen noch besondere Beachtung mit Rücksicht auf die Vergasungsverfahren, da sie uns einen Hinweis dafür bringen, daß es möglich sein dürfte, durch eine besondere Führung der Reaktionen im Gaserzeuger die Teerausbeuten und auch die Bildung von gasförmigen Kohlenwasserstoffen günstig zu beeinflussen.

Wie früher erwähnt, zeigen die Kohlen einen höheren Gehalt an Sauerstoff als die Öle natürlichen Vorkommens. Dessenungeachtet hat man sich jedoch in den letzten Jahren auch sehr mit der Aufgabe beschäftigt, durch eine Angliederung von Sauerstoff (durch Ozonisierung) die Brennstoffe in lösliche Formen überzuführen. Auch diesbezüglich wäre auf die Versuche im Gesamtwerke von Fischer zu verweisen. Es ist praktisch eine nahezu quantitative Überführung der Kohle in wasserlösliche Produkte möglich. Die erhaltene Substanz ist nicht eingehend untersucht, weist aber eine große Ähnlichkeit mit Karamel auf, was insofern interessant ist, als ja auch Zellulose in Zucker bzw. Karamel übergeführt werden kann. Die Endprodukte bei diesem Verfahren sind, wie man sehen kann, wesentlich andere; es wird aber naturgemäß von der Entwicklung der gesamten chemischen Technik abhängen, ob auch dieses Arbeitsverfahren oder ähnliche — welche je nach Wahl des einzuwirkenden Stoffes in großer Zahl denkbar sind — in Zukunft größere Bedeutung erlangen. Vom feuerungstechnischen Standpunkt aus interessieren diese Verfahren wohl weniger.

Die letzte Gruppe der Veredelungsverfahren betrifft die Vergasung der Brennstoffe, d. h., wie bereits erwähnt, die unvollkommene Verbrennung unter Sauerstoffzufuhr. Die in der Kohle enthaltene Asche verbleibt dabei als wertloser Rückstand. Je nachdem man den Sauerstoff für die Umsetzung aus der Luft oder aus Wasserdampf entnimmt, kann man zwei große Gruppen von Vergasungsverfahren unterscheiden (vgl. Tabelle VI). Geschieht die Verbrennung mit dem Sauerstoff der Luft, so findet eine Entbindung von Wärme statt, während bei der Zuführung von Wasserdampf eine Bindung von Wärme eintritt. Die ersteren Verfahren werden daher stets mit einem Überschuß an Wärme vor sich gehen, welche sich als fühlbare Wärme im Gas findet, während bei letzteren Verfahren eine Zufuhr von Wärme notwendig ist. Es war daher naheliegend, durch eine Verbindung beider Prozesse ein Verfahren so zu gestalten, daß weder eine Bindung noch eine Entbindung von Wärme in Frage kommt. Tatsächlich haben auch diese gemischten Verfahren bei der Entwicklung der Vergasung die größte Bedeutung erlangt. In der Tabelle sind die nach dem Gesagten in Frage kommenden grundsätzlichen Verfahren sowohl hinsichtlich ihrer Besonderheiten, als auch hinsichtlich der dafür verwendeten Gaserzeugerbauarten und der erzielten Gaszusammensetzung übersichtlich zusammengestellt, und zwar einmal, wenn es sich um die Verarbeitung gasarmer Kohlen handelt, also gewissermaßen reinen Kohlenstoffes (Koks), und das andere Mal bei der Vergasung der üblichen mehr oder weniger gasreichen Brennstoffe (Kohlen schlechtweg). Bei dem letzteren Verfahren tritt somit praktisch eine Kombination des Vergasungsverfahrens mit dem Destillations- oder Entgasungsverfahren ein. Es ist naturgemäß, daß zwischen allen den dargestellten

Tabelle VI. Grundsätzliche Verfahren der Vergasung.

Beschaffung des Sauerstoffs zur Vergasung durch:	Luft	Luft und Dampf		Dampf
Verfahren ist:	wärmeentbindend	annähernd im Wärmegleichgewicht		wärmeverzehrend
Daher:	große Eigenwärme des Gases	geringe Eigenwärme des Gases Dampfzusatz je nach der Eigenart d. Brennstoffs	bei gesteigertem (maximalem) Dampfzusatz Vorwärmung des Luftdampfgemisches durch Eigenwärme d. Gases	entweder: mit Außenheizung (praktisch nicht ausgeführt) oder: unterbrochen mit abwechselndem Heißblasen durch Luft (Heißblasegase gehen verloren oder werden getrennt aufgefangen und verwertet.)
Brennstoff				
Gasarm, Koks				
Gasart:	Luftgas, Heißgas	Mischgas, Sauggas		Wassergas
übliche Gaserzeuger:	einfache Schachtg.-Abstichgaserzeuger	Sauggaserzeuger	siehe unten	Wassergaserzeuger
Gaszusammensetzung:	2 v.H. CO_2, 32 v.H. CO, 2–5 v.H. H_2	7 v.H. CO_2, 22 v.H. CO, 18 v.H. H_2		5 v.H. CO_2, 42 v.H. CO, 49 v.H. H_2
Besonderes:	Gastemperaturen: 700 bis 800°C. Früher kaum angewandt, erst seit Einführung d. Abstichgaserz.	Gastemperaturen und Zusammensetzung in weiten Grenzen schwankend (obige m. max. H_2)	Kaum angewandt, da geringe Ausbeute an Nebenprodukten	Hohe Heizkraft d. Gases, daher Ersatz f. Leuchtgas. Geringe Wärmeausnutzung, wenn Heißblasegase nicht bes. Verwendg. (Gasmasch.).
Gasreich, Kohle				
Gasart:	Siemensgas, Heißgas	Dowsongas. Generatorgas	Mondgas	Doppelgas, Trigas usw.
übliche Gaserzeuger:	einf. Schachtgaserzeuger	neuere Schachtgaserzeuger Drehrostgaserzeuger	Mond-Gaserzeuger	Wassergaserz. m. Retortenaufbau, Doppelgaserz. u.ähnl.
Gaszusammensetzung:	5 v.H. CO_2, 23 v.H. CO, 6 v.H. H_2, 3 v.H. CH_4	3 v.H. CO_2, 28 v.H. CO, 12 v.H. H_2, 3 v.H. CH_4	16 v.H. CO_2, 12 v.H. CO, 25 v.H. H_2, 4 v.H. CH_4	7 v.H. CO_2, 28 v.H. CO, 45 v.H. H_2, 8 v.H. CH_4
Besonderes:	Jetzt kaum mehr verwendet	Gebräuchlichste Gasart für Heizzwecke. Zusammensetzung je nach Dampfzusatz schwankend	Gastemperaturen niedrig. Zusammensetzung bei allen Brennstoffen nahezu gleich.	Hohe Heizkraft; Wärmeausnutzg. mäßig. Idealer Ersatz f. Leuchtgas, da bei allen Brennstoffen anwendbar.

Verfahren enge Zusammenhänge bestehen, wie ja auch die Brennstoffe selbst innerhalb der Extreme in weiten Grenzen schwanken.

Es würde zu weit führen, die einzelnen Gaserzeugerbauarten, welche je nach den verschiedenen Brennstoffen und der angestrebten Gaszusammensetzung vorteilhafterweise in Anwendung kommen, aufzuführen. Diese jeweiligen Änderungen sind bedingt nicht nur durch die verschiedenen Temperaturverhältnisse, den Aschengehalt der Brennstoffe und die Eigenschaften der Kohle selbst, insbesondere hinsichtlich der Backfähigkeit und der Neigung zur Schlackenbildung, sondern wesentlich auch durch die Entwicklung der Technik und die jeweiligen wirtschaftlichen Verhältnisse. Es dürfte dagegen lehrreich sein, die Entwicklung der Gaserzeugerbauarten kurz im Sinne des Entwicklungsganges zu beleuchten.

Zu der Zeit, wo man zuerst der Vergasung der Brennstoffe nahetrat, wählte man naturgemäß ähnliche Ausführungsformen, wie sie bei anderen feuerungstechnischen Betrieben damals bekannt waren. Demnach lassen sich zwei Entwicklungsgänge beobachten:

1. die Entwicklung vom Treppenrost,
2. die Entwicklung vom Hochofen.

Der älteste der ersteren Generatoren, der Siemens-Generator (1856) (Tafel 1 Abb. 1), zeigt nahezu die gleiche Ausführungsform wie der Treppenrost. Die hauptsächlichsten Entwicklungspunkte in der Vervollkommnung dieser Bauart sind in Tafel 1 durch bekannte Generatorentypen dargestellt; sie sind kurz etwa die folgenden:

Während man anfänglich nur Luft für den Vergasungsbetrieb anwendete, erkannte man bald, daß die Zumischung von Dampf nicht nur wärmetechnisch von Vorteil ist, sondern auch hinsichtlich der Schlackenbildung große Erleichterung brachte. Die nächste Notwendigkeit war somit, den Windraum nach außen abzuschließen (Tafel 1, Abb. 2). Von der rechteckigen Ausführungsform, welche eine verhältnismäßig zu große Rostfläche hatte, gelangte man naturgemäß zu der runden oder polygonalen Ausführungsform des Treppenrost- bzw. Korbrostgenerators (Tafel 1 Abb. 3). Damit war die Schachtform des Generators gegeben, in welchem die Vergasungsluft im Gegenstrom zum Brennstoff durchgeführt wird. Der Treppenrostgenerator ist auch heute noch vielfach angewendet und gerade bei gasreichen backenden Sorten keineswegs zu verwerfen. Schwierigkeit macht bei dieser Ausführungsform lediglich die Erreichung einer guten Windverteilung, und aus diesem Gesichtspunkt heraus ging man bald dazu über, die Gaserzeuger mit einer zentralen Windzuführung auszustatten (Tafel 1 Abb. 4 und 5). Diese Anwendungsform legte den Gedanken nahe, um die lästige Entschlackungsarbeit des Generators zu vereinfachen, den Unterteil des Generators als Wasserbad auszubilden, durch welches die Schlacken hindurchgehen müssen (Tafel 1 Abb. 5). Die letzte Vervollkommnung der Generatorbauart brachte dann der Drehrost-Gaserzeuger (Tafel 1 Abb. 6), welcher nicht nur den Vorteil einer ständigen Auflockerung der unteren Brennstoffschichten mit sich bringt, sondern vor allen Dingen die selbständige Aschenaustragung und damit eine erhebliche Ersparnis an Bedienungslöhnen erzielt. Die Drehrostgeneratoren sind heute in sehr zahlreichen Ausführungen verbreitet, welche grundsätzlich kaum voneinander abweichen, und haben auch rückwirkend neue Bauarten mit sich gebracht, indem die Verwendung bewegter Teile in verschiedenen Kombinationen mit älteren Ausführungsformen mehr und mehr in Aufnahme gekommen ist.

Der zweite Entwicklungsgang verwendete für den Gaserzeuger eine Ausführungsform, welche vollständig dem Hochofen nachgebildet war. Die älteste Bauart ist diejenige von Ebelmann (1841) (Tafel 1 Abb. 7). Auch hier gelangte man sehr bald zu einer einfachen Schachtform (Tafel 1 Abb. 8), ähnlich wie früher beschrieben, doch hat man jahrzehntelang diesen Gaserzeugern mit flüssigem Schlackenabstich kein Interesse entgegengebracht, da die Führung des Gaserzeugerbetriebes bei der Verwendung wechselnder Kohlensorten zu schwierig war. Seit etwa 10 Jahren hat man diese Ausführungsform wieder neu aufgenommen; die Abb. 9 (Tafel 1) stellt den Würth-Generator dar, von dem in neuerer Zeit auch noch andere Ausführungsformen bekannt geworden sind. Dieser Generator mit flüssigem Schlackenabstich eignet sich jedoch vorzugsweise nur für eine Vergasung von Koks und wird daher stets nur ein begrenztes Anwendungsgebiet finden.

Einige der wesentlichen besonderen Ausführungsformen sind in Tafel 2 dargestellt, Abb. 10 zeigt den Wassergaserzeuger. Hinsichtlich der Bauart weist dieser keine wesentlichen Besonderheiten auf, doch ist bemerkenswert, daß er mit Rücksicht auf die Durchführung des Verfahrens eine wesentlich andere Gasführung besitzt. Wie bereits früher erwähnt und auch in Tabelle V wiedergegeben ist, erfordert der Wassergasprozeß, also die Vergasung des Kohlenstoffes mit Hilfe des Sauerstoffes aus dem Dampf allein (ohne gleichzeitige Zuführung von Luft), eine Wärmezuführung. Es wäre nun möglich, diese Wärmezufuhr durch eine Beheizung von außen durchzuführen, und es wurden auch hierfür zahlreiche Vorschläge gemacht, die jedoch meines Wissens niemals praktisch ausgeführt wurden. Der praktische Wassergasprozeß ist darauf aufgebaut, den Generator zuerst durch eine Verbrennung von Luft heißzutreiben und sodann in einem unterbrochenen Betrieb Dampf durchzuschicken. Die beim Heißblasen gebildeten Gase gehen für den Wassergasprozeß verloren, und dies wäre auch wärmetechnisch ohne Belang, wenn es möglich wäre, dieses Heißblasen so durchzuführen, daß lediglich Kohlensäure entfällt. Die Durchführung hat jedoch gezeigt, daß dies unmöglich ist, und daher müssen bei der Herstellung des Wassergases große Wärmeverluste in Kauf genommen werden, oder es bleibt die Möglichkeit, die Heißblasgase anders zu verwenden. Das bedeutet jedoch eine große Abhängigkeit, weshalb das Wassergasverfahren nicht in der Lage war, die in dasselbe gesetzten Hoffnungen bezüglich allgemeiner Anwendung in der Technik zu erfüllen. Dagegen hat es naturgemäß dort weite Verbreitung gefunden, wo es sich darum handelt, ein Gas in seiner speziellen Zusammensetzung zu erhalten (z. B. für Schweißarbeiten), oder wo es von Bedeutung ist, ein Gas von hohem Wärmeinhalt zu erzeugen. Letzteres gilt insbesondere für die Herstellung eines Gases, welches als Ersatz für das Leuchtgas in Frage kommt, und daher finden wir Wassergasanlagen gerade auf den Gasanstalten weit verbreitet.

Das Wassergasverfahren war bisher auf die Verarbeitung gasarmer Brennstoffe, also auf die Verarbeitung von Koks, beschränkt. Erst in den letzten Jahren wurden kombinierte Verfahren ersonnen, um auch gasreiche Brennstoffe nach dem Wassergasverfahren zu vergasen, und zwar dergestalt, daß man die Entgasung und die Vergasung in zwei getrennten übereinanderliegenden Schächten durchführt. Abb. 11 (Tafel 2) zeigt den sog. Doppelgaserzeuger, Abb. 12 den Trigaserzeuger. Bei der Notwendigkeit der Führung des Betriebs mit Unterbrechung entbehren diese Gaserzeugerbauarten wohl der notwendigen Einfachheit, welche für eine umfangreiche Anwendung in der Praxis zur Erzeugung von Heizgas der Großindustrie notwendig ist. Es ist jedoch zu erwarten, daß diese Ausgestaltung des Wassergasverfahrens für gasreiche und minderwertige Brennstoffe dazu angetan ist, die Gaserzeugung durch reine Destillation auf den Gaswerken mehr und mehr zu verdrängen.

Das Luftgas und Mischgas, soweit es bei der Vergasung von Koks oder gasarmen Brennstoffen gewonnen wurde, fand stets als Kraftgas für den Betrieb von Gasmotoren vornehmlich Anwendung. Da jedoch nicht überall solche Brennstoffe zur Verfügung standen, wurden vielfach Wege erforscht, um auch aus bituminösen Kohlen teerfreie Kraftgase zu erzeugen. Hierzu sind zwei Wege gangbar:

1. den Teer zu zerstören,
2. den Teer zu entfernen.

Zur Erreichung des Zieles auf dem ersten Wege bediente man sich entweder der Doppelfeuergeneratoren (Tafel 2 Abb. 13), welche mit einem mittleren Gasabzug ausgestattet sind, und wobei die teerhaltigen Entgasungsprodukte aus den oberen Schichten die darunter liegenden glühenden Brennstoffschichten passieren, wodurch der Teer zerstört wird, oder der Generatoren mit Teerverbrennung (Tafel 2 Abb. 14), wobei die Hauptgasmenge in ähnlicher Weise in einer niedrigen Schicht abgesaugt wird, während die teerhaltigen Gase der oberen Schichten getrennt abgeführt und gemeinschaftlich mit der Vergasungsluft unter dem Rost wieder zugeführt werden. Für die Durchführung der Vergasung nach dem letzten Gesichtspunkt wurden auch Gaserzeugeranlagen mit zwei hintereinandergeschalteten Gaserzeugern gewählt, wovon der eine mit bituminösen Brennstoffen beschickt und das in ihm erzeugte teerhaltige Gas durch einen zweiten Gaserzeuger, welcher mit Koks beschickt ist, zwecks Zersetzung der Teerdämpfe hindurchgeschickt wurde.

Der zweite Weg führt die Entfernung des Teers aus dem Gase durch Reinigung durch. Er ist nahezu ebeso alt wie die ältesten Gaserzeuger, da sich stets Verschmutzungen der Leitungen, Verlegungen an den Gasabzügen und Teerabscheidungen zeigen. Vorerst begnügte man sich mit einfachen Reinigungen zur Kühlung des Gases und mittels Stoßwirkung zur Ausscheidung der Verunreinigungen, doch kam man bald auf die Möglichkeit (1874), neben dem so gut wie wertlosen Teer hochwertige Nebenprodukte zu gewinnen[1]). Besondere Aufmerksamkeit wurde der Reinigung des Gases vom Teer bei den Sauggaserzeugern gewidmet, doch begnügte man sich dabei mit einfachen Apparaten, meist Skrubbern und Sägespänreinigern, da das Sauggasverfahren nicht der Nebenproduktengewinnung angepaßt wurde. Die Nebenproduktengaserei entwickelte sich mehr und mehr als ein Spezialgebiet, und die Ammoniakgewinnung erlangte die Hauptbedeutung.

Das hier in Frage kommende Mondgas-Verfahren bedient sich auch einer besonderen Gaserzeugerbauart, die in Abb. 15 Tafel 2 dargestellt ist.

Bevor hierauf eingegangen wird, möge nochmals betrachtet werden, welche Nebenerzeugnisse bei der Vergasung gewonnen werden können, um ein übersichtliches Bild über alle einschlägigen Verfahren zu gewinnen. Als Nebenprodukte kommen alle Stoffe in Frage, die sich in flüssiger Form bei der Kühlung des Gases gewinnen lassen, also Kohlenwasserstoffe, besonders Teer, Stickstoffverbindungen (NH_3) und Schwefelverbindungen (H_2S, da beim Mischgasbetrieb die Bildung von SO_2 verschwindend ist).

Teer bildet sich bei jeder Vergasung bituminöser Brennstoffe, selbst bei der Holzvergasung, da bei der langsamen Erwärmung eine Destillation, Abschwelung, eintritt. Man war nun lange gewöhnt, den Kokereiteer als Normalteer zu betrachten, und schenkte den geringen Mengen von Generatorteer, die gewonnen wurden und meist als ziemlich mindere Abfallprodukte galten, keine besondere Beachtung. Auch die wissenschaftliche Forschung hat sich sehr spät diesem Gebiete zugewandt. Der erste war wohl Börnstein im Jahre 1903 bzw. 1906[2]), der bei seinen Destillationsversuchen im Temperaturbereich bei 450° bereits dünnflüssige Teere gewann, die sich vom Kokereiteer wesentlich unterschieden. In den Jahren 1910/1911 führte Pictet in Genf seine Vakuumdestillationsversuche durch und lenkte dadurch die Aufmerksamkeit der Fachwelt auf dieses Sondergebiet. Zur selben Zeit und in den folgenden Jahren beschritt auch Wheeler mit seinen Mitarbeitern diesen Weg, und die gewonnenen Ergebnisse waren derart, daß sich die Praxis

---

[1]) Siehe Trenkler: „Die Nebenproduktengewinnung aus Generatorgas und ihre Beziehungen zur Krafterzeugung, J. d. V. d. I. 1918 5 u. folg.
[2]) Börnstein, siehe Anm. S. 6.

dieses Verfahrens bemächtigte. Verfolgte Pictet bei seinen Versuchen fast rein wissenschaftliche Zwecke, nämlich den Nachweis von vorgebildeten Kohlenwasserstoffen in der Kohle, die man auch in Erdölen gefunden hatte, so steckte sich Wheeler das Ziel bereits weiter, indem er darauf hinarbeitete, möglichst hohe Ausbeuten an Öl bei der Vakuumdestillation zu gewinnen, ohne das Pech mit zu entziehen.

Die praktische Anwendung dieses Verfahrens, welches als Destillationsverfahren eigentlich schon früher besprochen werden sollte, aber aus naheliegenden Gründen hier in Zusammenhang mit der Tieftemperaturteergewinnung im allgemeinen besprochen wird, zielte nun dahin, aus bituminösen Brennstoffen einen Brennstoff (Halbkoks) für die rauchlose Verbrennung zu gewinnen. Abgesehen davon, daß dieses Verfahren von der Benutzung stark backender Kokskohlen unabhängig sein soll, erwartete man große Vorteile durch die infolge der nur bis 450 bis 550° getriebenen Destillation bedingten hohen Koksausbeuten, während man sich auch aus den gewonnenen Ölen bzw. dem Teer erhöhte Einnahmen versprach. Dieses Coalite-Verfahren (D. R. P. 195 316 von Parker aus dem Jahre 1906) wurde unter Benutzung der wissenschaftlichen Forschungen von Wheeler vor dem Kriege in England eingeführt, entsprach den Erwartungen jedoch nicht, hauptsächlich weil der gewonnene Rückstand (Halbkoks) wenig widerstandsfähig war und sich nicht einbürgerte; auch war wohl die technische Durchführbarkeit und die Wirtschaftlichkeit anfänglich nicht gesichert. Nach neueren Berichten soll man die anfänglichen Schwierigkeiten überwunden haben; das Verfahren wird jetzt von der British Coalite Co. und der Barnisley Smokeless Fuel Co. ausgeübt; es ist jedoch nichts über die genauen Resultate bekannt geworden. Während des Krieges gewann auch ein neues, ähnliches Verfahren von Mac Laurin Anwendung, und man berichtet über dieses, daß der gewonnene Brennstoff hart sei, rauchlos verbrenne, dabei aber leicht entzündlich sei, daß das erzeugte Teeröl sich gut für die Verarbeitung auf Schmieröle eigne, und daß das gewonnene Gas von gleichmäßiger Qualität und vollständig frei von Teer sei.

In England und Nordamerika, möglicherweise auch in Frankreich, sind während des Krieges zahlreiche Neugründungen von Gesellschaften durchgeführt worden, die sich mit der Einführung und der praktischen Anwendung dieser Spezialverfahren beschäftigen. Eine Zahl von größeren und kleineren Anlagen scheint bereits im Betrieb zu stehen. Es ist jedoch nicht möglich, über irgendwelche praktischen Erfahrungen zu berichten oder ein fachmännisches Urteil zu fällen; die Angaben der bekanntgewordenen Literatur sind dafür keineswegs geeignet. Wenn auch die Erzeugung eines rauchlosen Brennstoffes für den Hausbrand und für die Industrie in dichtbevölkerten Gebieten von großer Bedeutung wäre, so stehen bei diesem sog. Halbkoks auch viele Nachteile diesem Vorteil gegenüber. Rauchlose Brennstoffe stehen im übrigen allenthalben zur Verfügung, in Form von Koks und als flüssige und gasförmige Brennstoffe. Ob daher die Tieftemperaturverkokung (Vakuumdestillation) sich allgemein einführen wird, ist beinahe zu bezweifeln, da der in Deutschland eingeschlagene Weg der Urteergewinnung bei der Vergasung mit Rücksicht auf die Vorteile der letzteren grundsätzlich vorteilhafter erscheint.

In Deutschland hat man sich mit der Vakuumdestillation nicht eingehend beschäftigt, da die ersten praktischen Versuche vor dem Kriege wenig aussichtsreich waren. Auch in England zeigt es sich, daß erst der Krieg belebend auf dieses Arbeitsgebiet wirkte. Bei uns wandte sich besonders das im Jahre 1914 eröffnete Kaiser-Wilhelm-Institut für Kohlenforschung in Mülheim a. d. Ruhr, mit F. Fischer an der Spitze, diesen Aufgaben zu, jedoch wählte man nicht die Methode der Vakuumdestillation, sondern die Schwelung bei niedriger Temperatur, weil dieser Weg schneller praktische Anwendbarkeit und Erfolge versprach, und darum handelte es sich, als 1916 auch Rumänien in den Krieg trat. Die älteren Untersuchungen hatten bereits gezeigt — wie früher erwähnt —, daß der Kokereiteer ein pyrogenes Zersetzungsprodukt ist, welches beim Zusammentreffen der aus den inneren Schichten austretenden Teerdämpfe mit den höher erwärmten Kohleteilchen der Randschichten und den glühenden Ofenwänden gebildet wird. Die Aufgabe für die Gewinnung eines brauchbaren Tieftemperaturteers war daher, die bei den niederen Temperaturen gebildeten Teerdämpfe rasch und ohne nachträgliche Erwärmung aus der Brennstoffschicht zu entfernen. Maßgebend ist demnach, daß die Schwelung bei langsam gesteigerter niedriger Temperatur durchgeführt wird. Die Destillation im Vakuum ist für diesen Prozeß — wie leicht verständlich — sehr geeignet, da es nicht den Teerdämpfen überlassen bleibt, die Wandungen der Teilchen zu zersprengen, um ins rettende Freie — wenn ich dieses Bild gebrauchen darf — zu gelangen. Das Vakuum unterstützt sie darin, und die Entfernung geschieht daher schneller und früher, so daß nicht die Gefahr besteht, die Teerdämpfe möchten an den Außenschichten der Kohlenteilchen bereits hoch erwärmte Brennstoffzonen durchwandern, wo pyrogene Zersetzung eintreten kann. Es ist aber andererseits einleuchtend, daß sich derart ideelle Zustände nur und auch nur unvollkommen im Laboratorium schaffen lassen, bei Anwendung einer vollkommen nichtbackenden, staubfein gemahlenen Kohle, welche in kleinen Mengen abgeschwelt wird. Bei der praktischen Anwendung wird eine teilweise geringfügige Zersetzung stets vor sich gehen, und es wird eben Sache der praktischen Erprobung sein, unter den jeweiligen Verhältnissen die beste Konstruktion zu wählen. Jedenfalls gaben die ersten Versuche mit der Destillation bei gewöhnlichem Druck und niedriger Temperatur so gute Ergebnisse, daß man von der Aufnahme der Vakuumdestillation absehen konnte. Zudem verlangte die Vakuumdestillation im praktischen Großbetrieb vollständig neue Einrichtungen, während die Tieftemperaturdestillation bei den vorhandenen Gaserzeugern — und das war das naheliegendste Anwendungsgebiet — mit einfachen Einrichtungen durchgeführt werden konnte.

Die Vakuumdestillation, so wie sie von den Engländern eingeführt wurde, unter dem Gesichtspunkt der Erzeugung eines Halbkokses, erfordert nämlich ähnliche Einrichtungen wie auf den Gaswerken, allerdings unter wesentlich anderen Betriebsverhältnissen. Da andererseits die Gasmenge bei der Vakuumdestillation sehr gering ist, können diese Einrichtungen nicht als Ersatz oder Ergänzung jener Industrien gelten, sondern sind ein vollkommen neues Arbeitsgebiet, das auch völlig neue Anlagen erfordert. Umgekehrt war es nach den Versuchen von Fischer klar, daß es möglich sein würde, den Vergasungsbetrieb so zu handhaben oder die Destillationsvorgänge räumlich abzutrennen, daß man die Schwelung der Brennstoffe bei niederen Temperaturen ohne schädigende Einflüsse durchführte. Es war ja auch bereits früher erkannt worden, daß z. B. aller bei niederen Temperaturen gewonnene Mondgasteer praktisch als Urteer (wie man jetzt den bei niederen Temperaturen gewonnenen unzersetzten Teer nach einem Vorschlag von E. Hofmann kurz und kennzeichnend nennt) angesprochen werden kann, da er die charakteristischen Naphthene und Paraffine, dagegen kein Naphthalin und Anthrazen aufwies. So hat die Maschinenfabrik Thyssen & Co. z. B. seit dem Jahre 1914 ihren Mondgasteer mit gutem Erfolg auf Schmieröl aufgearbeitet. Bei den gewöhnlichen, mit hohen Gasendtemperaturen arbeitenden Gaserzeugern waren dagegen konstruktive Änderungen notwendig. Der leitende Gedanke war, den Schwelprozeß in einer in den Gaserzeuger eingehängten Retorte durchzuführen und die entstehenden Schwelgase getrennt abzuführen. Man benutzte dazu einen alten Ausführungsgedanken, Schwelglocken, wie sie bereits 1864 von Siemens vorgeschlagen wurden (Tafel 2 Abb. 16), und wie sie auch der Mondgaserzeuger (Tafel 2 Abb. 15) zeigt. Ähnliche Konstruktionen wurden auch früher von Krupp, Lürmann und anderen vorgeschlagen, damals zum Teil aus der Absicht, backende Kohlen zu vergasen und die Koksbildung bei der Destillation aus dem eigentlichen Generatorschacht wegzunehmen, um die dabei auftretende Schwellung und Bildung von gasundurchlässigen Kokskuchen bzw. die damit verbundene Störung des Vergasungsbetriebes, die erhöhte Stocharbeit u. dgl. zu vermeiden (siehe auch Tafel 2 Abb. 17, Gaserzeuger von Schramml, eine Ausführungsform, die auch neuerdings wieder vorgeschlagen wurde). Rechnete man ursprünglich damit, die für die Durchführung des Schwelprozesses notwendige Wärme durch Übertragung durch die Wände der Glocke — daher fälschlich als Retorte bezeichnet — zu bewerkstelligen, so zeigte sich sehr bald, daß ein Teil des Heißgases durch die Glocke hindurchgesaugt werden müsse, um die notwendige Wärmeübertragung zu erreichen. Die auf Grund dieser Erfahrung ausgebildete Bauart (Tafel 2 Abb. 18) nähert sich grundsätzlich fast ganz derjenigen von Abb. 14, und auch dieser Gaserzeuger kann als Schwelgaserzeuger oder Zonengaserzeuger verwendet werden, wenn man davon absieht, das Gas der oberen Schichten wieder unter den Rost zu führen, sondern dasselbe getrennt ableitet und den Teer daraus abscheidet. Der Vergasungsvorgang ist in allen Fällen kurz folgender: Im unteren eigentlichen Schachtteil wird der aus der Glocke kommende halbgare Koks durch Zufuhr von Luft unter Beimischung von Dampf in üblicher Weise vergast. Dabei ergibt sich ein Gas ähnlich dem bei der Koksvergasung, welches arm an Methan ist, mit etwa 1100 WE unterem Heizwert je 1 cbm. Die Temperatur des Brennstoffes an der Übergangszone zur Retorte ist etwa 550°, und dementsprechend diejenige dieses Heißgases etwa 650°. Ein je nach den Eigenschaften des Brennstoffes schwankender Teil dieses Gases muß die Glocke durchströmen, gibt dort seine fühlbare Wärme zur Durchführung des Destillationsvorganges ab, und reichert sich dabei durch die Schwelprodukte auf etwa 1800 WE an; dieses Gas verläßt die Glocke mit einer Temperatur von 120 bis 180° und enthält die Gesamtmenge des gebildeten Urteers; es wird nach einfachen Grundsätzen in einer Apparatur, die von den Gaswerken und Kokereien her bekannt ist, gekühlt und von dem Teer, falls es lohnend ist, auch vom Ammoniak befreit. Der übrige Teil des Heißgases ist praktisch teerfrei und könnte daher dessen Eigenwärme zweckmäßig zur Dampferzeugung nach den Vorbildern der Sauggasanlagen Verwendung finden, falls nicht auf eine hohe Eigenwärme des Endgases Wert gelegt wird. Das entteerte Schwelgas wird dem Heißgasstrom wieder zugemengt. Die auszutreibende Schwelgasmenge ist bei Steinkohlen etwa 50 bis 80 cbm je Tonne Kohle, und es muß zwecks Wärmeübertragung etwa ein Drittel des Heißgases durchgesaugt werden. Bei Braunkohle ist nicht nur die Schwelgasmenge größer (bis zum Doppelten), sondern es muß auch eine erhebliche Wassermenge verdampft werden, weshalb die Heißgasmenge, die man durch die Glocke saugen muß, erheblich größer ist. Bei mitteldeutscher Rohbraunkohle z. B. mit 50 bis 55 v. H. Grubenfeuchtigkeit müßte alles Heißgas durchgesaugt werden, was ja auch schon daraus zu schließen ist, daß bei dieser Kohle im gewöhnlichen Gaserzeuger die Gastemperatur kaum 100° beträgt; d. h. die Eigenwärme des gesamten von unten aus den Vergasungsschichten kommenden heißen Gases genügt gerade, um die langsame Trocknung und Verschwelung der Kohle in den oberen Schichten der Entgasungszone durchzuführen. Bei Rohbraunkohlen und auch bei anderen Brennstoffen mit mehr als 20 v. H. Feuchtigkeit ist daher der Einbau vollständig überflüssig, da gewissermaßen der Schwelprozeß, den man bei der Steinkohle räumlich abtrennt, um ihn zeitlich entsprechend langsam und schonend (für die Teere) durchzuführen, im Generator selbst ohne räumliche Trennung zeitlich geregelt vor sich geht. Es ergibt sich hieraus klar, daß man bei der Urteergewinnung aus Steinkohle den Prozeß in weiten Grenzen anpassen kann, während dies bei Braunkohlenbriketts schon wenig und bei Rohbraunkohlen gar nicht der Fall ist; allerdings ist es bei letzterem nicht von

Wichtigkeit, da die Teerzusammensetzung ohnedies eine gute ist. Es ist nicht nur möglich, die Destillationsdauer zu verändern, indem man den Rauminhalt der Glocke steigert oder vermindert, man hat es auch in der Hand, die Temperatur der Heißgase zu wechseln und durch die Querschnittsverhältnisse des Einbaues auch die Mengen; denn man kann naturgemäß die gleiche Wärmemenge auf den Glockeninhalt übertragen, wenn die Gasmenge verringert und die Anfangstemperatur zugleich gesteigert wird. Letzteres wird besonders bei backenden Kohlen von Wichtigkeit sein, und läßt sich der Einbau, um die Regelbarkeit zu erreichen, von dem eigentlichen Generatorschacht bzw. der Beschickungssäule vollständig abtrennen. Die Gaszusammensetzung der Teilströme kann daher in weiten Grenzen schwanken, ohne daß dies auf die Zusammensetzung des Gesamt-(Misch-)Gases und den Wirkungsgrad des Gaserzeugers einen Einfluß hätte. Aus diesem Grunde ist eben die Urteergewinnung nach diesen Grundsätzen fast bei allen Gaserzeugern leicht und ohne wesentliche Änderung der Gesamtbetriebe möglich.

Es ist weiter einleuchtend, daß man durch Änderung der Betriebsbedingungen für die Destillation in der Glocke auch die Beschaffenheit des Teers beeinflussen kann. Denn der Teer ist ja kein einheitliches Produkt, sondern es sind durch eingehende Versuche weit über 150 Teerbildner (gesättigte, ungesättigte Kohlenwasserstoffe, saure Bestandteile, wie Phenole, schwefel- und stickstoffhaltige Verbindungen) mit sehr verschiedenen Siedepunkten festgestellt. Die Bildung oder Abspaltung dieser einzelnen geht erstens unter verschiedenen chemischen Einflüssen und zweitens bei verschiedenen Temperaturen vor sich. Es ist derart möglich, die hochsiedenden Bestandteile des Teeres und das Pech nicht in der Glocke auszutreiben, sondern in dem Halbprodukt zu belassen; das erzeugte Heißgas wird demgemäß nicht teerfrei sein. Die Teeruntersuchung allein gibt daher kein genaues Bild des Verfahrens und der Eignung, ebensowenig wie die proportionale Teerausbeute an sich ein solches ergibt. Auch werden die Betriebsverhältnisse nicht immer beliebig veränderbar sein. Jedenfalls zeigen die praktischen Ergebnisse, daß die Zusammensetzung des durchgesaugten Heißgases auf die Beschaffenheit des Teers keinen wesentlichen und keinesfalls einen schädlichen Einfluß ausübt. Es ist im Gegenteil nicht von der Hand zu weisen, daß das Gas von begünstigendem Einfluß sein kann, wenn es eine hohe

Konzentration an Wasserstoff und Wasserdampf aufweist. Auch das Temperaturgefälle, bzw. die Temperatur beim Schwelvorgang ist nicht so ausschlaggebend, wie man anfangs dachte, wenn nur für eine rasche Absaugung der Schwelprodukte gesorgt wird.

Abschließende Beurteilungen können jetzt noch nicht gefällt werden, um so weniger als nur wenige Resultate bekannt geworden sind und die verschiedenen Untersuchungsmethoden des Teers Vergleiche erschweren. Nur Parallelversuche unter gleichen Verhältnissen unter Benutzung derselben Untersuchungsmethoden können Aufschluß über dieses komplizierte Gebiet geben. In Tabelle VII sind eine Reihe von Analysen aus den Werken von Fischer zusammengestellt.

Tabelle VII.
Zusammensetzung von Tieftemperaturteeren nach Fischer, Kenntnis der Kohlen.

	Steinkohlen			Braunkohlen		
	Fettkohle $A=3$ v. H. *) von Laborat.-Versuchen in der Trommel gewonnen	Gasflammk. $A=10$ v.H. von Laborat.-Versuchen in der Trommel gewonnen	Gasflammk. — im Gaserz. m. getr. Abf. gewonnen	mitteld. Schwelk. $A=24$ v.H. von Laborat.-Versuchen in der Trommel gewonnen	rheinische $A=7{,}6$ v.H. von Laborat.-Versuchen in der Trommel gewonnen	mitteld. Rohk. — im Gaserz. gewonnen
Viskose Öle	15,2	10,0	11,3	17,2	14,8	18,0
Nichtviskose Öle einschließlich Spindelöle	33,5	15,0	17,7	28,9	26,2	47,8 einschl. Harz
Phenole, saure Anteile	14,0	50,0	37,8	10,5	24,7	
Paraffine, feste	0,4	1,0	0,8	29,4	13,0	17,8
Harz	4,2	1,0	0,7	2,2	2,3	—
Pech	19,2	6,0	15,0	3,2	8,5	10,5
Gas, Wasser und Verlust	13,5	17,0	16,7	8,6	10,5	5,9

*) A = Ausbeute.

Aus diesen läßt sich ersehen, daß der im Großbetrieb gewonnene Urteer von gleich guter Beschaffenheit ist wie der im Laboratorium gewonnene bei Kleinversuchen. Es ist nach den spärlichen Angaben in der Literatur auch anzunehmen, daß er vom Vakuumteer kaum abweicht. In Tabelle VIII sind Untersuchungsergebnisse von Urteeren aus dem prak-

Tabelle VIII.

Zusammensetzung von Urteeren aus dem Betriebe.

Brennstoff	Gasflammkohle	Magere Kohle	Gaskohle	Braunkohlenbriketts
Rohteer: spez. Gew.	1,052	1,068	1,066	1,026
Benzolunlöslich . . . . . v. H.	0,954	0,11	1,60	2,77
Asche . . . . „	0,12	0,18	0,14	0,13
H_2O . . . . „	ca. 3,0	5,80	4,50	7,3
Öl (Rohdest.) . . . . . . „	56,35	67,50	57,0	56,2
Pech . . . . „	40,00	26,30	38,3	34,8
Rohdestillat: spez. Gewicht . . .	1,001	1,030	1,008	1,013
Viskosität bei 20° . . . . ° E	4,31	9,47	3,11	11,6
Flammpunkt . . . . ° C	93	112	85	115
Brennpunkt . . . . „	108	130	98	135
Stockpunkt . . . . „	−5	+4	−6	+7
Saure Öle . . . . v. H.	36	44	32	28
Pech: Erweichungspunkt . . ° C	87	95	83	70
Alkohollöslich . . . . . . v. H.	58	60	76	75,5
Asche . . . . „	0,47	0.55	0,20	1,24
Paraffingatsch . . . v. H. auf Rohteer	0,345	12,0	0,5	8,5
Schmelzpunkt . . . . . ° C	34	—	54	57
Schmierölkonzentrat v. H. auf Rohteer	34,8	40,5	34,9	28,4
Viskosität bei 50° C . . . ° E	4,35	—	4,91	6,70
Flammpunkt . . . . ° C	154	173	148	152

tischen Betrieb zusammengestellt, die mit sehr verschiedenen Konstruktionen und bei wechselnden Betriebsbedingungen gewonnen wurden. Es sind durchweg Teere, die auch der praktischen Aufarbeitung zugeführt wurden, und man kann sich daraus ein ziemlich genaues Bild machen, was für Anforderungen an brauchbare Urteere gestellt werden können und müssen.

Ich habe dieses Arbeitsgebiet hier sehr eingehend erörtert, da es zurzeit die größte Aufmerksamkeit der beteiligten Kreise besitzt. Ich würde jedoch unvollständig sein, wenn ich nicht nochmals darauf hinwiese, daß bei entsprechender Führung des Vergasungsvorganges oder andererseits durch entsprechende Kühlung der oberen Brennstoffschichten die Gewinnung von Urteer ohne jedweden Einbau erzielt werden kann, wofür ja der Mondgasprozeß das beste Beispiel ist. Beabsichtigt man jedoch lediglich die Teergewinnung — besonders bei vorhandenen Anlagen —, so ist der Einbau von Glocken schon mit Rücksicht darauf der zweckmäßigste Weg, weil die zu kühlende und zu reinigende Gasmenge verhältnismäßig klein wird.

Das zweite bei der Vergasung in Frage kommende Nebenprodukt ist das Ammoniak (NH_3) aus dem Stickstoff der Kohle. Ein Teil des in den Brennstoffen enthaltenen Stickstoffes spaltet sich bereits bei der Destillation unter Luftabschluß in Form von Ammoniak ab, doch ist diese Menge verhältnismäßig gering; und zwar um so geringer, je älter die Kohle ist, siehe Tabelle IX. Der Anteil des Stickstoffs,

Tabelle IX.
Verhalten des Stickstoffs bei der Destillation
(nach Heckel).

Brennstoff	N-Gehalt v. H.	davon:	
		im Koks	flüchtig
		auf je 100 Teile	
Westfälische Steinkohle . .	1,50	80	20
Schlesische Steinkohle . .	1,37	70	30
Böhmische Steinkohle . . .	1,36	69	31
Sächsische Steinkohle . . .	1,20	64	36
Saar-Steinkohle	1,06	57	43
Englische Steinkohle . . .	1,45	72	28
Böhmische Plattenkohle . .	1,49	44	56
Böhmische Braunkohle . .	0,52	38	62

welcher bei der Destillation im Rückstand verbleibt, kann bei der Vergasung unter dem Einflusse des Wasserstoffs bzw. Wasserdampfes in Ammoniak übergeführt werden. Das darauf gegründete Mondgasverfahren verlangt daher einen hohen Dampfzusatz zur Vergasungsluft (etwa 900 g je 1 cbm), und um bei der damit verbundenen Temperaturherabsetzung im Gaserzeuger eine genügende Dampfzersetzungs- und Reaktionstemperatur zu sichern, wird das Luft-Dampfgemisch im vorgewärmten Zustand in den Generator eingeführt; zur Vorwärmung dient, soweit dies möglich ist, die Eigenwärme des Gases[1]). Es gelingt bei diesem Verfahren, 60 bis 70 v. H. des Stickstoffs der Kohle in Form von Ammoniak aus dem Gase zu gewinnen; und zwar bedient sich die Gewinnung entweder der Kondensation des gasförmigen Ammoniaks mit dem Wasserdampf des Gases zugleich zu Ammoniakwasser, oder der Bindung in direkter Form mittels Schwefelsäure zu Sulfat.

---

[1]) Eingehenderes siehe Trenkler, J. d. V. d. I. 1918.

Es sind nach Mond verschiedene Verfahren ausgearbeitet worden, um die Gewinnung des Ammoniaks bei der Vergasung mit geringerem Dampfaufwand durchzuführen. Praktisch jedoch alle ohne bekannt gewordenen Erfolg. Alle zur Zeit ausgeübten Verfahren sind grundsätzlich mit dem Mondverfahren übereinstimmend. Es ist nun oft die Frage aufgeworfen worden, ob der Dampfzusatz für die Bildung des Ammoniaks notwendig ist, oder nur zum Schutz des bereits gebildeten Ammoniaks in der Zone der möglichen Zersetzung von 700—1000° dient. Praktisch dürfte beides in Frage kommen, und man muß sich den Schutzeinfluß des Dampfes wohl durch Bildung des Ammoniumhydrates denken, zu dessen Zersetzung ebensoviel Wärme aufzuwenden ist, als der Bildungswärme entspricht. Diese Anschauung wird unterstützt durch die Studien von Ostwald (D. R. P. 298603 von R. Riedel), der eine dem Mondgasverfahren entsprechende und darüber hinausgehende Ammoniakausbeute ohne erhöhten Dampfzusatz durch die Beimengung von hydratwasserbindenden Salzen (Chloriden) erzielt hat. Jede Salzbildung wird in demselben Sinne wie die Hydrierung wirken, und daher können auch andere Salzbeimengungen zu diesem Endziel führen. Die Schwierigkeit der technischen Durchführung liegt nun darin, daß die Gewinnung der bereits gebundenen Salze ganz neue Gewinnungsmethoden erfordert, und daß die Beimengung von solchen Salzen nicht nur teilweise eine Erschwerung und Gefährdung des Gaserzeugerbetriebes mit sich bringt, sondern auch mit Kosten verbunden ist. Wenn daher in Zukunft auch die technische Aufgabe dieses Problems gelöst werden dürfte, so bleibt wirtschaftlich zu untersuchen, ob ein solcher Betrieb vorteilhaft ist. Für einen den Betriebsanforderungen entsprechenden, möglichst leicht zu regelnden und zu überwachenden Prozeß erscheint das Mondgasverfahren aber geeigneter.

Schließlich bleibt noch als letztes Nebenprodukt der Schwefel, welcher sich im Gas vornehmlich als Schwefelwasserstoff findet. Die Gewinnung des Schwefels besitzt besondere Bedeutung, wenn gleichzeitig Ammoniak gewonnen wird, da für die Bindung desselben in der gebräuchlichen Form (als Düngemittel) Schwefel als Schwefelsäure gebraucht wird. Bei manchen Gasarten empfiehlt sich die Entfernung des Schwefels auch aus Gründen der Gasverwendung, wie z. B. beim Leuchtgas. Die dort angewendete Methode, die Entfernung des Schwefelwasserstoffs mittels Raseneisenerz

(Gasreinigungsmasse), ist bei Generatorgas mit Rücksicht sowohl auf die großen Gasmengen als auch mit Rücksicht auf die großen Schwefelmassen nicht anwendbar. Man hat zwar in letzterer Zeit die Wiedergewinnung des Schwefels (als Schwefeldioxyd) aus der Gasreinigungsmasse praktisch durchgeführt, doch ist die Absorptionsfähigkeit zu gering, um bei den Vergasungsprozessen zu einer brauchbaren Methode ausgebildet zu werden. Es sind daher bereits vor längerer Zeit Wege versucht worden, um aus dem Gase durch geeignete Waschprozesse zugleich Ammoniak (NH_3) und Schwefelwasserstoff (H_2S) zu entfernen und beide Bestandteile zur Salzbildung zu verwenden. Besonders zwei Verfahren, das von Burckheiser (D. R. P. 262 979 und 279 262) und das von Feld (D. R. P. 271 105), fanden Beachtung in der Fachwelt, sie versagten jedoch, da die gebildeten Salze, welche stets Sulfite neben Sulfaten enthielten, nicht beständig genug sind; und die restlose Überführung des Sulfites in Sulfat ist praktisch nicht gelungen[1]). Feld hat nun sein Verfahren umgearbeitet und vervollkommnet, und es soll in der neuen Form bereits seit längerer Zeit mit vollem Erfolg im Betriebe stehen. Es besteht kurz darin, daß das Gas mit einer Ammontetrathionatlauge gewaschen wird; unter Schwefelabscheidung bildet sich Thiosulfat, das in einem zweiten Apparat, dem Säurer, durch Zufuhr von Schwefeldioxyd wieder in Tetrathionat rückgeführt wird. Die auf diese Art nach und nach angereicherte Lauge wird zum Teil aus dem Prozeß herausgezogen und durch Kochen (unter gleichzeitiger Zuführung von Schwefeldioxyd wegen des mit enthaltenen Thiosulfates) unter Ausscheidung von Schwefeldioxyd und Schwefel in Ammonsulfat umgewandelt. Das für den Kreisprozeß notwendige Schwefeldioxyd kann aus dem gewonnenen Schwefel oder besser aus Pyrit durch Röstung gewonnen werden. Wenn auch die praktische Durchführbarkeit nach der entsprechenden Vervollkommnung nicht in Zweifel zu ziehen ist, so erscheint das Verfahren doch für einen einfachen Betrieb zu kompliziert, da die Konzentration der Laugen und die Temperatur derselben für zweckmäßiges Arbeiten genau eingestellt und beobachtet werden müssen.

Man hat daher in allerletzter Zeit auch andere Wege vorgeschlagen, die jedoch in der Mehrzahl gerade die zu fordernde

---

[1]) Vgl. Bertelsmann, J. f. G. 1919, S. 3.

größere Einfachheit nicht besitzen; fast alle beruhen auf Kreisläufen von Laugen. Es wurde auch vorgeschlagen, den Schwefelwasserstoff durch Kalkmilch zu entfernen (Poetter) und die gewonnene Lauge zu regenerieren, was schon wesentlich einfacher erscheint. Am zweckmäßigsten erscheint mir jedoch der altbekannte Weg der Bindung des Schwefelwasserstoffs durch schweflige Säure unter Abscheidung von Schwefel, die sich zweifellos dem üblichen Reinigungsprozeß (wie beim Mondgasverfahren) leicht einfügen lassen würde und einfache Apparate erfordert. Die nach Abscheidung von Schwefel zurückbleibende geschwächte Lauge würde durch Schwefeldioxyd aus einem Schwefelverbrennungsofen wieder aufgefrischt werden. Der gesamte im Gas enthaltene Schwefel würde als solcher gewonnen werden, und dieser ist zweifellos ein ebenso wertvolles Produkt wie die für die Absorption des Ammoniaks notwendige und zu kaufende Schwefelsäure. Die notwendige Apparatur wäre außerordentlich einfach.

Wir ersehen aus dem Gesagten, daß bei der Vergasung eine fast restlose Gewinnung aller Nebenprodukte möglich ist, und zwar nicht in getrennten Prozessen, sondern am vorteilhaftesten in einem einzigen, der durch die nachstehenden Gesichtspunkte zu kennzeichnen wäre. Gaserzeuger mit automatischer Aschenabführung durch Drehrost oder dgl. und mit Einbau von Schwelglocken bei Steinkohle und hochwertigen Braunkohlen, sonst in normaler Schachtausbildung, jedoch unter Berücksichtigung einer hohen Brennstoffsäule. Betrieb mit hochgesättigtem, überhitztem Dampf-Luftgemisch, nach Mond. Getrennte Abführung des Schwelgases zur Entteerung mittels Teereinspritzung, um einen hochwertigen, nicht wasserhaltigen, destillationsfähigen Teer zu gewinnen. Vereinigung des entteerten kalten Schwelgases mit dem teerfreien Heißgas; Ammoniakgewinnung durch Absorption mit verdünnter Schwefelsäure und Auswaschen des Schwefelwasserstoffs durch einen einfachen Waschprozeß. Ich möchte betonen, durch einen einfachen Waschprozeß, da ein solcher bei den praktischen Großbetrieben mit schwankender Gasentnahme und der immer schwieriger werdenden Beschaffung geeigneter Arbeitskräfte eine unerläßliche Vorbedingung ist, um wissenschaftliche Erkenntnis auch zu greifbaren praktisch-wirtschaftlichen Erfolgen zu verhelfen.

Die Vergasung erscheint daher sowohl feuerungstechnisch als auch in chemischer Beziehung von größter zukünftiger Bedeutung, insbesondere da sie eine restlose Umwandlung der Kohlen ermöglicht und daher vor allem für die Nutzbarmachung minderwertiger, z. B. aschereicher Brennstoffe, den brauchbarsten Weg zeigt.

Ich gehe zwar nicht so weit wie Ramsay, der vor Jahren die Meinung aufstellte, es sei verschwenderisch, die Kohle mit Asche und so weiter aus der Erde herauszuholen und weiter zu versenden, da es doch viel praktischer sei, das Gas in der Erde zu erzeugen; ich stimme auch nicht den Ansichten bei, die sich von der Fernleitung des Generatorgases, auch eines hochwertigen, bis an den Heizwert des Koksofengases heranreichenden, eine Umwälzung der Feuerungstechnik und unserer Brennstoffwirtschaft versprechen; ich bin aber überzeugt, daß die Vergasung infolge der leichten Fernleitung über beschränkte Gebiete und die dadurch erzielbare Konzentration der Kohlenwirtschaft, durch die damit verbundenen Ersparnisse und Vorteile infolge der Ausnutzbarkeit minderer Brennstoffsorten und infolge der feuerungstechnischen Vorteile — nicht zumindest infolge der Möglichkeit rauchloser Verbrennung — eine stark und stetig steigende Weiterverbreitung finden wird. Die Gasfeuerung ermöglicht eine viel größere Unabhängigkeit dieser Betriebe, Unabhängigkeit der Bedienung, Unabhängigkeit von den Transportverhältnissen, Unabhängigkeit in der Anlage und volle Ausnutzung der Betriebsstätten, so daß es als eine Aufgabe des Betriebsmannes bezeichnet werden muß, gerade den vielen kleinen und oft unansehnlichen, aber in ihrer Gesamtheit so brennstoffverschwendenden Feuerstätten zu Leibe zu gehen und sie durch Gasfeuerungen zu ersetzen. Dazu gibt aber nur ein gereinigtes Gas die Möglichkeit, da sonst mindestens ebenso große Mißstände eingetauscht werden.

Gleichwohl sind weite Kreise Gegner der Gasfeuerung, insbesondere dann, wenn das Gas nicht direkt als Heizmittel gebraucht wird (wie z. B. bei den Öfen der verschiedenen Industrien), sondern zur Erzeugung anderer Energieformen (Dampf, elektrische Kraft u. dgl.) dient[1]). Es ist ohne weiteres klar, daß der Gesamtwirkungsgrad solcher Anlagen von den Einzelwirkungsgraden beeinflußt wird, und daß der vorhergehende Umwandlungsprozeß in Gas mit gewissen Verlusten an Wärme verbunden ist. Diese verlorene Wärme wird aber zum Teil in hochwertigen Produkten (Teer) wieder gewonnen.

---

[1]) Vgl. Klingenberg, Die Wirtschaftlichkeit von Nebenproduktenanlagen für Kraftwerke. Z. d. V. d. I. 1917.

Der Gaserzeuger selbst ist, als wärmetechnische Maschine betrachtet, von hohem Nutzeffekt. Tatsächliche Verluste entstehen außer durch den Teerentzug nur durch Asche, Staub, durch Strahlung und die nicht vollkommen mögliche Ausnutzung der Eigenwärme des Gases. Alle diese Verlustquellen sind jedoch unbedeutender als bei der direkten Verfeuerung, und die Verbrennung des Gases an der Verbrauchsstelle ist infolge der genauen Einregelung der Luftzufuhr, des Wegfalls von Asche, Flugstaub, Rußbildung u. dgl. der direkten Verbrennung von Brennstoffen auf dem Rost weit überlegen. Hierzu treten die wirtschaftlichen Vorteile durch Gewinnung der Nebenprodukte, so daß in Zukunft wohl niemand eine Vergasung von Brennstoffen ablehnen kann, ohne diese Fragen genau zu erwägen. Für die wirtschaftlichen Verhältnisse muß naturgemäß eine Prüfung von Fall zu Fall eintreten. Nicht nur die chemischen Eigenschaften des Brennstoffes, die örtlichen Verhältnisse, sondern auch die jeweiligen Preise auf den Nebenerzeugnismärkten, die technischen Aufgaben usw. werden da mitbestimmend sein. Irgendwelche Leitziffern hierfür gerade in der jetzigen Zeit zu geben, ist unmöglich, da sie schon in nächster Zeit möglicherweise nicht mehr Geltung haben würden. Zwei Gesichtspunkte möchte ich hier jedoch noch berühren:

1. die Gewinnung von Ammoniak bei der Vergasung im Vergleich zu den synthetischen Verfahren,

2. die Bedeutung der Gewinnung des Urteers für unsere Gesamtwirtschaft.

Die Gewinnung von Ammoniaksalzen bei der Vergasung bedarf eines ziemlich hohen Dampfzusatzes zur Vergasungsluft, bedingt mithin einen Mehrverbrauch an Brennstoff. Auch die synthetische Gewinnung von Stickstoffverbindungen ist jedoch schließlich eine Brennstofffrage, und es soll daher einmal ein Vergleich gezogen werden. Eine mittelgute Steinkohle von 1,4 v. H. Stickstoff bei 7500 WE angenommen, berechnet sich der Mehrverbrauch an Kohle beim Mondgasverfahren (gegenüber einer normalen Vergasung in anderen Apparaten) zu etwa 17 Tonnen für 1 Tonne nutzbar gemachten, umgesetzten Stickstoff. (Bei einigen Braunkohlensorten ist der Brennstoffmehrverbrauch, zwar nicht in Tonnen, aber in Wärmeeinheiten ausgedrückt, noch geringer). Dieser Mehrverbrauch würde sich nach den Versuchen von Ostwald auf 4 bis 5 Tonnen vermindern lassen. Demgegenüber entfallen bei den synthetischen Verfahren nach den spärlichen Angaben, die man verstreut findet:

für 1 Tonne gebundenen Stickstoff bei der Haberschen Ammoniaksynthese (Bad. Anilin- und Sodafabrik) 6 bis 9 Tonnen Brennstoff,

für 1 Tonne gebundenen Stickstoff beim Kalkstickstoffverfahren 15 bis 18 Tonnen Brennstoff,

für 1 Tonne gebundenen Stickstoff beim Luftsalpeterverfahren 45 Tonnen Brennstoff,

wenn in allen 3 Fällen die elektrische Energie aus Brennstoff erzeugt wird und der sonstige Kohlenaufwand berücksichtigt wird.

Man sieht daraus, daß die synthetische Herstellung von Stickstoffverbindungen bei uns in Deutschland, wo wir nicht über sehr große Wasserkräfte verfügen, mit Rücksicht auf den damit verbundenen Brennstoffverbrauch keineswegs der Gewinnung des Ammoniaks bei der Vergasung sehr überlegen ist, und daß es im Gegenteil im Bereich der technischen Wahrscheinlichkeit liegt, daß bei der Vergasung der Stickstoff mit einem geringeren Aufwand von Brennstoffen nutzbar zu machen ist. Da wir außerdem eine sehr umfangreiche Großindustrie haben, welche auf die Verwendung von Gas zu Feuerungszwecken angewiesen ist oder Gasfeuerung wirtschaftlich begründet einführen könnte, erscheint es naheliegend, der Gewinnung des Stickstoffs als Nebenprodukt bei der Vergasung den Vorzug zu geben.

Wir dürfen dabei nicht außer Acht lassen, daß die Stickstoffnebenprodukte nicht die einzigen Nebenprodukte der Vergasung sind, und kommen damit auf den zweiten Gesichtspunkt: die Bedeutung der Gewinnung von Urteer für unsere Gesamtwirtschaft. Aus den Analysen der Tabelle VII ist zu ersehen, daß aus diesen hochwertigen Teeren nicht nur ein erheblicher Anteil an Schmierölen und hochwertigen Treibölen gewonnen werden kann, sondern es fallen insbesondere beim Braunkohlenteer auch große Mengen von Paraffin und durchweg bei allen Teeren noch fettähnliche und harzige Stoffe ab, welche zweifellos einer nutzbringenden Verwertung zugeführt werden können. Es würde derart möglich sein, die Lackfabrikation im Inlande wesentlich zu unterstützen. Die anfallenden Pechmengen sind an sich nicht erheblich. Da wir jedoch bereits im Frieden aus dem Kokereiteer einen Überschuß an Pech hatten, welcher ausgeführt wurde, so macht es sich notwendig, hierfür neue Verwendungszwecke zu suchen. Bei dem hochwertigen Pech der Urteere dürfte es ohne weiteres möglich sein, Koks für die Elektrodenherstellung und ähnliche Zwecke daraus zu gewinnen. Die vielen neuen Forschungsarbeiten auf diesem Gebiete haben aber auch Einblick in andere Verwendungsgebiete gegeben, ich erwähne nur als einige beachtenswerte die Herstellung von Benzin und Leichtölen aus dem Braunkohlenteer nach dem Berginverfahren oder durch Druckdestillation, die Gewinnung von Fettseifen durch Ozonisierung und ähnliche.

Die Gewinnung von Schmierölen, Treibölen und Leuchtmitteln aus dem Teer ist zweifellos bereits heute sichergestellt, und eine gesteigerte Gewinnung hochwertigen Teers ist daher nur geeignet, uns in dieser Hinsicht vom Weltmarkt einigermaßen unabhängig zu machen. In Tabelle X

Tabelle X.

Weltrohölproduktion.

Erzeugungsland	1912		1915[1])	
	Tonnen	v. H.	Tonnen	v. H.
Ver. Staaten v. Nordamerika .	29 664 000	62,98	37 481 000	65,85
Rußland	9 264 000	19,67	9 353 000	16,06
Mexiko	2 100 000	4,46	4 388 000	7,71
Holländ.-Indien	1 520 000	3,23	1 710 000	2,90
Rumänien	1 807 000	3,83	1 673 000	2,82
Britisch-Indien	900 000	1,91	986 000	1,73
Galizien (Öst.-Ungarn) . . .	1 180 000	2,50	578 000	0,98
Japan	250 000	0,53	416 000	0,73
Deutschland	140 000	0,30	140 000	0,23
Übrige Staaten	275 000	0,59	572 000	0,99

ist die Weltproduktion an Erdölprodukten zusammengestellt und Deutschland nimmt dabei mit einer Erzeugung von 140 000 Tonnen nahezu die letzte Stelle ein. Die Einfuhr Deutschlands an Erdölprodukten war vor dem Kriege etwa die zehnfache und entspricht sonach mehr als zwei Drittel der Produktion des rumänischen Erdölgebietes. Wenn wir jedoch diese Gesamtmenge von etwa $1^1/_2$ Mill. Tonnen im Rahmen der gesamten Weltproduktion betrachten, so sehen wir, daß unser Verbrauch an Erdölprodukten ein sehr geringer war, und es ist zweifellos, daß der inländische Markt sich noch sehr aufnahmefähig gestalten muß, wenn es möglich ist, diese Produkte zu einem angemessenen Preis aus unseren eigenen Bodenschätzen herzustellen. Es dürfte

[1]) Nach Iron Age v. 24. 8. 1916.

hierfür von besonderer Bedeutung sein, daß für eine sehr lange Zeit mit hohen Frachtkosten zu rechnen ist, und daß gerade die uns am nächsten liegenden Erdölgebiete, wie Galizien, Rumänien und auch Rußland, durch die Ereignisse des Krieges sehr gelitten haben und wohl Jahre gebrauchen werden, um auf ihre frühere Produktion zurückzukommen. Wenn wir dabei beachten, daß z. B. die Preise für die Erdölprodukte in Amerika auf mehr als das Dreifache gestiegen sind, obgleich dieses Land einen ganz außergewöhnlichen Überschuß in solchen Produkten aufweist, so dürfen wir mit Bestimmtheit darauf rechnen, daß nicht nur die Vergasungsindustrie in der Lage ist, den Teer bzw. die Teerprodukte zu angemessenen, dem Weltmarkt angepaßten Preisen zur Verfügung zu stellen, sondern daß auch die verbrauchende Industrie der Vergasung solche Teerpreise zugestehen kann, die für die weitere Entwicklung dieses Arbeitsgebietes notwendig sind und stets ein Ansporn bleiben werden, diese junge Industrie zu vervollkommen. Im übrigen bietet uns die hohe Entwicklung unserer organisch-chemischen Großindustrie die Gewähr, daß wir, wenn wir erst einmal das Rohprodukt in Händen haben, nicht bei dem bisher Bekannten stehenbleiben werden, sondern daß wir die darin enthaltenen Schätze auch für die Gewinnung anderer Erzeugnisse, die bis heute auf fremden Rohstoffen aufgebaut sind, nutzbringend verwerten werden. So wie uns also das Studium der Chemie der Brennstoffe erst in die Lage versetzt, die wirtschaftlichste Ausnutzung unserer Brennstoffe in die richtige Bahn zu leiten, so sind wir auch wieder am Ende auf die Mitarbeit der Chemie angewiesen, um die gewonnenen Produkte aufs beste auszunutzen. Mehr als bisher erscheint ein enges Zusammenarbeiten der Vergasungsindustrie mit der chemischen Industrie notwendig.

Additional material from *Die Chemie der Brennstoffe vom Standpunkt der Feuerungstechnik,*

ISBN 978-3-662-33695-3, is available at http://extras.springer.com

Verlag von Otto Spamer in Leipzig-Reudnitz

DIE PHYSIKALISCHEN UND CHEMISCHEN GRUNDLAGEN DES EISENHÜTTENWESENS

Von Prof. WALTHER MATHESIUS, Berlin

Mit 39 Figuren und 106 Diagrammen im Text und auf einer Tafel
Geheftet 26 M., gebunden 29 M. (20% Teuerungszuschlag)

Ferrum: Der logische Aufbau des Werkes bedingt eine vortreffliche Übersichtlichkeit, die noch durch ein ausführliches Inhaltsverzeichnis gehoben wird. Die Darstellungsweise ist klar und lebendig, bringt viele neue Gedanken und Anregungen und gestaltet manchen an und für sich trockenen Stoff interessant. Zahlreiche Figuren, Diagramme und Tabellen ergänzen den Text.

Dinglers Polytechnisches Journal: Alle, für die das Buch bestimmt ist, werden daraus reiche Belehrung schöpfen, es sollte auf keinem Werke und in keiner Hochschulbibliothek fehlen.

DAS KALKBRENNEN
IM SCHACHTOFEN MIT MISCHFEUERUNG

Von **BERTHOLD BLOCK**, Oberingenieur

Mit 88 Abbildungen im Text
Geh. 12.50 M., geb. 15.50 M. (20% Teuerungszuschlag)

Feuerungstechnik: Ernst Mach verdanken wir das kluge Wort, daß die „Fähigkeit, sich zu wundern", ein wesentliches Erfordernis des Naturwissenschaftlers sei. Der Verfasser des vorliegenden Buches verfügt in hohem Grade über diese wertvolle Fähigkeit. Es ist eine wahre Freude, beim Studium des Bandes immer von neuem staunend zu erkennen, eine wie außerordentlich interessante Beschäftigung das Kalkbrennen eigentlich ist, oder — Scherz beiseite — wie der Verfasser einer anscheinend so einfachen und speziellen Aufgabe die interessantesten Gesichtspunkte für seinen Sonderzweck und für den allgemeinen technischen und wissenschaftlichen Fortschritt abzugewinnen weiß. Nicht, daß man durchweg mit seinen Ausführungen einverstanden sein könnte. Im Gegenteil reizen seine Ausführungen z. B. über die Verdampfungstheorie der Kohlensäure usw. teilweise stark zum Widerspruch. Aber überall steht neben anscheinend umfangreicher praktischer Erfahrung ein selbständiger und durchaus unbefangener Denker, der bereit ist, sich über alles zu wundern und jedem Warum? mit allen Mitteln zu Leibe zu gehen. So wird der Kalkofen vor unserem geistigen Auge geradezu lebendig und schüttet eine Fülle von Erkenntnissen und Aufgaben über uns aus, die auf den verschiedensten technischen und wissenschaftlichen Gebieten Widerhall wecken. Zweifellos wird ein kluger Kalkbrenner den größten Nutzen vom Studium dieses Buches haben. Aber jeder Feuerungstechniker, Eisenhüttenmann, Generatorfachmann, Physikochemiker, Kolloidchemiker wird für seine Zwecke wertvolle Anregungen, Aufklärungen, neue Gesichtspunkte und Methoden — kurz, Nachdenkliches aller Art finden.

Probenummern kostenlos vom Verlag!

MIX
Papier aus verantwortungsvollen Quellen
Paper from responsible sources
FSC® C105338

If you have any concerns about our products,
you can contact us on
ProductSafety@springernature.com

In case Publisher is established outside the EU,
the EU authorized representative is:
**Springer Nature Customer Service Center GmbH
Europaplatz 3, 69115 Heidelberg, Germany**

Printed by Libri Plureos GmbH
in Hamburg, Germany